KB034881

TOKYO SPECIALTY COFFEE LIFE

TOKYO SPECIAL

일러두기

- 영문 상호명은 브랜드에서 사용하는 표기를 따랐습니다.
- 현지 주소를 한글과 영어로 표기했습니다. '구글 맵google maps'으로 주소나 상호명을 검색하면 편리합니다.

TY COFFEE LIFE

도쿄 스페셜티 커피 라이프

이한오 지음

북노마드

LIGHT UP
COFFEE

CONTENTS

PART 2

SETAGAYA 세타가야 • MEGURO 메구로

PART 3

CENTRAL TOKYO 도쿄 도심

PART 4

EAST TOKYO 도쿄 동부

PROLOGUE

스페셜티 커피

Specialty Coffee

맛있는 커피를 찾아 기꺼이 발품을 들이는 사람이라면 '스페셜티 커피'라는 용어를 들은 적이 있거나 이 말을 자연스럽게 사용하고 있을 것이다. 단순히 품질 좋은 특별한 커피로 알고 있는 경우가 많지만, 스페셜티 커피는 구체적인 정의를 갖고 있다.

커피에 관해 세계적으로 권위 있는 스페셜티 커피 협회SCA에서는 커피를 감정할 수 있는 자격을 갖춘 자인 큐그레이더Q Grader가 향미를 평가해 80점 이상의 등급을 받은 커피를 '스페셜티 커피'로 정의한다. 엄격한 심사를 거쳐 일정 수준 이상의 점수를 받은 커피에 부여하는 인증 마크인 셈이다. 물론 모든 커피가 SCA를 통해 등급을 부여받는 것은 아니다. 따라서 스페셜티 커피라는 용어는 더 포괄적 의미로 통용되고 있다. 그런 점에서 스페셜티 커피는 원두를 재배하여 수확, 가공, 로스팅, 추출하는 일련의 과정에서 각 과정의 주체가 분명하고, 그로부터 일정 품질을 기대할 수 있는 커피로 이해

하는 것이 좋겠다.

스페셜티 커피와 함께 '제3의 물결 커피Third Wave Coffee'라는 표현도 사용하는데, 이는 스페셜티 커피가 가져온 커피 시장의 변화, 나아가 스페셜티 커피를 통해 만들어진 생태계와 문화를 일컫는다고 할 수 있다.

전문가들에 따르면 본격적인 커피의 제3의 물결은 2000년대 초반 〈카운터 컬쳐 커피COUNTER CULTURE COFFEE〉, 〈인텔리젠시아INTELLIGENTSIA〉, 〈스텀프타운 커피STUMPTOWN COFFEE〉 등 미국의 스페셜티 커피숍을 통해 퍼지기 시작했다는 것이 중론이다. 특히 기존 커피와 전혀 다른 맛을 내는 게이샤Geisha라는 품종이 2004년 파나마의 한 농장에서 발견되어 전 세계 커피 시장을 뒤흔들어 놓았다. 생두 자체의 품질에 대한 관심은 자연스럽게 맛을 그대로 살리는 라이트 로스팅으로 이어져 기존 커피가 갖고 있는 쓴맛보다 과일이나 채소에서 느낄 수 있는 신맛과 단맛을 추구하게 되었다.

일본의 커피 문화

Coffee Culture in Japan

일본에 처음 커피가 들어온 것은 19세기 말로 거슬러 올라간다. 일찌감치 서구에 문호를 개방한 일본은 커피라는 신문물을 우리보다 빨리 도입하고 대중화시켰다. 이후 백여 년 동안 만들어져온 일본의 커피 문화는 '깃사텐喫茶店'이라는, 우리로 치면 다방 같은 느낌의 커피 전문점을 통해 형성되었다. 한 잔의 커피를 장인이 정성껏 추출해서 제공하는 방식은 오랫동안 일본의 주류 커피 문화로 자리잡았다. 깃사텐과는 다른 분류로 커피 외 음료나 각종 디저트를 함께 제공하는 캐주얼한 공간을 일본에서는 '카페'로 칭하고 있다. 일본에서 스페셜티 커피를 제공하는 곳은 주로 바에서 내려주는 커피를 즐기고 가는 공간이라는 측면에서 '커피 바' 혹은 가볍게 잠깐 머물며 커피 한 잔을 즐긴다는 의미로 '커피 스탠드'로 불린다.

커피에 관한 일본어 표현 중 '고쿠こく'라는 말이 있다. 배전도 있는 쓰고 강한 커피에서 느껴지는 깊은 풍미를 이르는 말로, 일본에서는 '커피가 맛있다'는 의미로 '고쿠가 있다'라고 표현한다. 스페셜티 커피는 커피 생두의 좋은 맛을 최대한 살리는 로스팅을 하기 때문에 고쿠가 있는 농후한 맛보다 과일이나 곡물의 신맛, 단맛이 확연

하게 드러나는 커피를 추구하는 경향이 있다.

커피 제3의 물결, 그리고 도쿄

Third Wave of Coffee in Tokyo

미국에서 시작된 커피의 제3의 물결은 일본에 빠르게 자리 잡았다. 일본의 바리스타들은 2007년 도쿄에서 열린 '월드 바리스타 챔피언십'을 기점으로 삼는다. 해마다 국가별로 돌아가며 개최하는 월드 바리스타 챔피언십은 커피의 올림픽으로 여겨질 만큼 최고의 권위를 자랑하는데, 우리나라에서도 2017년에 개최되어 전 세계 커피인들이 한국을 찾았다.

월드 바리스타 챔피언십이 우리보다 10년이나 앞서 일본에서 개최되면서 일본에서는 많은 사람들이 스페셜티 커피를 접하는 계기가 되었다. 이미 그전부터 온갖 산지를 다니며 고품질 커피를 확보해 온 〈마루야마 커피MARUYAMA COFFEE〉, 2003년 월드 바리스타 챔피언십에서 우승하고 2006년 도쿄에 자신의 매장을 연 호주 출신의 폴 바셋Paul Bassett을 통해 일본의 스페셜티 커피 문화가 본격화된 것이다. 이후 이러한 흐름은 점점 가속화되어서 도쿄를 중심으로 수많은 스페셜티 커피숍이 우후죽순 생겨나고 있다. 그러나 일본의 여느 문화가 그렇듯이, 일본의 바리스타들은 옛것을 바탕으로 새로운 커피 문화를 만들어나가며 그들만의 제3의 물결을 일궈내고 있다.

PART 1

SHIBUYA • SHINJUKU

시부야 • 신주쿠

Really! Mad+Pure
TSUTAYA
STARBUCKS COFFEE
ALVARK
ここから
深夜 1時30分～6時00分

TOWER RECORDS
SEIBU
KARAOKE

Saitama
Kawaguchi
Sōk
Arakawa River
Niiza
Adach
rume
Toshima
ShinJuku
14
13
15
12
ashino
TOKYO
5
10
6
1
11
2
3
4
9
8
7
17
16
Setagaya
Meguro
Miyamae
Shinagawa

시부야 역과 신주쿠 역은 전 세계에서 이용객 수가 가장 많은 역으로 매년 수위를 다투는 곳이다. 우리에게도 도쿄 여행지로 익숙한 곳이자 도쿄를 여행할 때 꼭 한 번쯤 거치는 곳이다. 각종 브랜드 숍과 대형 쇼핑몰, 다양한 먹을거리가 있는 상점, 주요 관광지와 숙박업소, 그리고 오피스 빌딩이 밀도 있게 모여 있는 곳이기도 하다.

평일과 주말을 가리지 않고 늘 사람들로 넘쳐나는 이곳은 한 템포 느린 스페셜티 커피숍과 어울리지 않는 듯 보이지만, 많은 사람들이 찾는 곳인 만큼 한 번쯤 가봐야 할 스페셜티 커피숍이 곳곳에 숨어 있다. 특히 시부야 역과 요요기 공원, 그리고 오모테산도를 삼각 축으로 하는 동선에 위치한 골목마다 멋진 커피숍이 자리하고 있다. 패션과 쇼핑의 거리인 오모테산도부터 스페셜티 커피숍 투어를 시작한다.

1 KOFFEE MAMEYA
2 Coffee Wrights x HIGUMA Doughnuts
3 MARUYAMA COFFEE Omotesando Single Origin Store
4 CHOP COFFEE
5 THINK OF THINGS
6 dotcom space Tokyo
7 THE LOCAL COFFEE STAND
8 ABOUT LIFE COFFEE BREWERS
9 HEART'S LIGHT COFFEE
10 FUGLEN TOKYO
11 COFFEE SUPREME TOKYO
12 VERVE COFFEE ROASTERS Shinjuku
13 4/4 SEASONS COFFEE
14 Paul Bassett Shinjuku
15 COUNTERPART COFFEE GALLERY
16 SARUTAHIKO COFFEE
17 Dear All

1 KOFFEE MAMEYA

OMOTESANDO KOFFEE

2014년 여름의 일이다. 도쿄에 간다고 하니 지인이 이곳은 꼭 가봐야 한다며 〈오모테산도 커피〉라는 커피숍을 추천했다. 지도를 보고 찾아갔는데도 입구가 보이지 않아서 몇 번이나 같은 골목을 지나쳤다. 그러다 아주 작은 액자 모양의 간판을 발견하고 나서야 반복해서 스쳐 지나쳤던 길에 난 작은 뜰로 들어서는 문이 〈오모테산도 커피〉라는 것을 알아챘다. 커피숍이라면 당연히 눈에 띄는 간판이 있고 창 너머로 커피를 마시는 사람들이 보일 거라고 생각했는데, 이곳은 다른 주택 사이에 교묘히 숨어 있어서 찾는 게 쉽지 않았다.

뜰에 들어서니 두 명이 겨우 앉을 만한 벤치가 놓여 있고, 5평 남짓한 작은 목조 주택 건물에는 주문을 받고 커피를 추출하는 바만 덩그러니 있었다. 손님을 위한 공간은 바깥의 벤치밖에 없어서 무더위를 무릅쓰고 이곳을 함께 찾아온 동료의 원성을 들으며 서둘러 커피를 사 들고 나왔다. 한참 후에야 그 공간을 충분히 만끽하지 못한 것을 후회했다. 더 아쉬운 건 이곳을 다시 찾을 수 있는 기회가 영영 사라졌다는 점이다. 〈오모테산도 커피〉는 본래 1년이라는 한정된 기간을 두고 시작된 프로젝트 공간이었다. 그런데 전 세계에서 사람들이 이곳에 찾아오자 계약 기간을 거듭 연장해 5년여 동안 영업하다가 2015년 12월 30일에 문을 닫았다.

그로부터 약 1년 뒤, 같은 자리에 〈커피 마메야〉가 문을 열었다. 〈마메야〉 매장은 새로 지은 전형적인 일본식 목조 주택으로, 〈오모테산도 커피〉의 상징 같은 정사각형 액자 모양으로 만들어진 입구에서부터 손님을 맞이하도록 디자인되었다. 마당 역할을 하던 공간에는 멋들어진 분재가 놓여 있고, 작은 미닫이문을 열고 매장 내부로 들어서면 커피 바에서 일하는 바리스타를 만날 수 있다.

바가 있는 내부 공간에 들어서면 완전히 다른 공간이 펼쳐진다. 손님에게 커피 한 잔을 제공하는 데 필요한 요소 외에 나머지는 존재하지 않는 미니멀리즘의 극치라고 할까. 5평 남짓한 공간의 벽면에는 책장처럼 짜인 선반마다 원두가 든 작은 천 주머니들이 진열되어 있고, 바 테이블에는 오로지 드리퍼 두 세트만 놓여 있다.

바 테이블 오른편에 위치한 주문대에 서면 바리스타가 정사각형 격자로 이루어진 칸에 원두 종류가 적힌 메뉴를 보여준다. 5개 로스터리에서 가져온 25종의 원두가 배전도 순으로 나열되어 있는데, 오픈 당시에는 홍콩의 〈커핑 룸Cupping Room〉, 호주의 〈코드 블랙 커피Code Black Coffee〉를 포함하여 일본 지방의 유명 로스터리인 〈본테인 커피Bontain Coffee〉, 교토의 〈오가와 커피OGAWA COFFEE〉, 〈토카도 커피TOKADO COFFEE〉의 원두를 제공했다. 손님이 선택한 원두는 모두 드립으로 추출하지만, 일부 원두는 콜드브루나 에스프레소로도 제공한다.

주문을 마치고 나면 무대는 드리퍼가 놓인 바의 중앙 공간으로 이동한다. 드립 커피는 대부분 칼리타 웨이브 드리퍼로 추출한다. 약배전 원두는 하리오 V60 드리퍼를 사용하기도 한다. 아이스커피는 따뜻한 커피와 추출량을 동일하게 맞추기 위해 얼음 양만큼 물의 양을 적게 하고, 얼음을 많이 사용하지 않는 대신 얼음으로 된 바스켓에 미지근할 정도로 식은 커피를 담가서 다시 한번 식힌다. 몇 가지 메뉴는 커피를 냉침하는 방식인 콜드브루로도 제공하는데, 운이 좋으면 고가의 게이샤 커피를 콜드브루로 맛볼 수 있다.

〈마메야〉에서는 고객과 바리스타와의 소통이 철저히 의도된 동선으로 이루어진다. 바 오른편에서 취향을 묻는 가벼운 대화를 주고받고 나면 바리스타는 손님이 가장 좋아할 만한 커피를 추천한다. 바리스타가 원두를 추출하는 동안에도 대화는 끊임이 없고, 커피에 대한 피드백까지 받음으로써 한 명의 고객에게 제공하는 서비스가 완성된다.

커피는 원두로도 구매할 수 있다. 바리스타가 손님이 좋아할 만한 원두를 골라서 배전도를 표시한 아담한 크기의 헝겊 가방에 정성스레 담아준다. 그리고 추출 도구와 그라인더 종류 등을 손님에게 물어본 후 원두에 대한 설명이 적힌 종이에 추출 방법을 자세히 적어서 원두와 함께 넣어준다. 단골손님은 별도의 장부에 원두 이름과 구입 날짜를 기록해둔다.

모든 손님에게 이런 동선을 적용하다 보면 전 세계에서 이곳을 찾아오는 이들의 수요를 감당하지 못할 수밖에 없다. 그러다 보니 평일 오전 시간대가 아니면 쭉 늘어선 줄을 따라 30분~1시간을 기다려야만 들어갈 수 있는 공간이 되었다. 그러나 기다림 끝에 마주하는 나만을 위한 특별한 시간은 그 기다림을 충분히 가치 있는 것으로 만들어준다.

이토록 특별하고 개성 넘치는 공간에는 주인인 구니토모 에이치国友栄一 씨의 철학이 반영되어 있다. 많은 스페셜티 커피숍이 어느 정도 궤도에 오르면 자신의 커피를 로스팅하는 데 반해, 〈마메야〉는 잘 로스팅된 원두를 사용해 최선의 맛을 끌어내겠다는 명확한 방향성을 가지고 있다. 다른 기술을 배제한 채 오직 손님을 마주하고, 손님이 좋아할 만한 최고의 커피를 어떻게 추출할 것인지에만 전념하겠다는 것이다.

〈커피 마메야〉는 자신들의 루틴을 지키면서도 세계 스페셜티 커피의 흐름을 읽어내고, 그 변화를 도쿄에, 그리고 손님들에게 전하려고 노력한다. 헤드 바리스타인 미키 다카마사三木隆真 씨는 바리스타 챔피언십에 출전하는 선수들의 코칭 스태프로 전 세계 굵직한 커피 이벤트에 빠짐없이 참가하고 있다. 그 과정에서 흥미로운 커피를 제공하는 로스터리를 발견하면 〈마메야〉를 통해 소개한다. 2019년 월드 바리스타 챔피언 전주연 씨가 소속된 〈모모스 커피〉를 비롯하여 스위스 대표로 2018년 월드 브루어스 컵 챔피언에 오른 에미 후

카호리Emi Fukahori의 〈마메MAME〉 등 세계적으로 화제가 된 원두를 이곳에 가면 맛볼 수 있다. 도쿄에서 스페셜티 커피숍을 찾는 여행을 시작할 때 가장 처음 방문해도 좋을 곳, 바로 〈커피 마메야〉다.

KOFFEE MAMEYA 커피 마메야

시부야 구 진구마에 4-15-3 / 4-15-3 Jingu-mae, Shibuya-ku

10:00~18:00 koffee-mameya.com @omotesando.koffee

② Coffee Wrights × HIGUMA Doughnuts

오모테산도 역에서 〈커피 마메야〉를 찾아 오모테산도 힐즈 뒤편 골목을 따라 올라가다 보면 'COFFEE&DOUGHNUTS'라는 문구가 붙은 2층 높이의 목조 주택을 발견하게 된다. 많은 사람들이 독특한 건물 모양에 끌려 잠시 그 앞에서 주춤하다가도 정체를 몰라 선뜻 들어서지 못하는 이곳은 도쿄에서 도넛 가게로 유명한 〈히구마 도넛〉과 맛있는 스페셜티 커피를 로스팅하기로 이름난 〈커피 라이츠〉가 함께 운영하는 곳이다.

특이한 외관을 지닌 이 목조 주택은 뒤편에 숨겨진 주택 몇 채와 함께 '미나가와 빌리지'라는 이름으로 불린다. 60년 된 건물을 재생하는 프로젝트로 개보수한 공간인데 이 중 한 채를 커피와 도넛을 파는 카페로 삼았다.

〈히구마 도넛〉은 우유, 버터, 설탕 등 식재료를 모두 홋카이도에서 가져오고, 도넛 하나하나를 정성스럽게 튀겨서 제공하는 핸드메이드 도넛을 표방하고 있다. 2016년 6월, 가쿠게이다이가쿠 역에 가게를 열고 점점 유명해져서 오모테산도에 2호점을 내기에 이르렀다.

공간을 함께 사용하고 있는 〈커피 라이츠〉는 〈블루 보틀 커피Blue Bottle Coffee〉의 로스터였던 무네시마 유키宗島ゆき 씨가 독립하여 낸 커피 전문점이다. 2016년 12월에 산겐자야에 첫 매장을 오픈한 이후, 2호점인 구라마에점, 3호점인 시바우라점을 거쳐 오모테산도에 4호점을 열었다.

최고의 전문성을 갖춘 이 두 가게가 작은 공간을 양분하여 한편에서는 커피를 추출하고 다른 한편에서는 도넛을 만든다. 커피와 도넛을 따로따로 사서 안으로 들어서면 외부와 경계가 없는 자리가 한눈에 펼쳐지는데 아무 곳에나 앉아서 가볍게 즐길 수 있는 분위기다. 관광객이 쉽게 찾을 수 있을 만큼 접근성이 좋은 곳에 위치해 있어서 늘 붐비지만, 〈커피 라이츠〉라는 브랜드를 알고 이곳을 찾아온 사람은 그리 많지 않다.

〈커피 라이츠〉에서 제공하는 원두는 도쿄의 다른 스페셜티 커피숍에 비해서 배전도가 조금 높으나 부담스럽지 않게 마실 수 있을 정도로 부드러우면서도 이곳만의 캐릭터가 아주 잘 살아 있는 맛을 낸다. 항상 3~4종 이상의 원두를 구비하고 있고, 에스프레소는 블렌딩이 아닌 싱글 오리진으로도 제공하기 때문에 싱글 에스프레소나 에스프레소 마키아토를 주문해서 이들이 추구하는 커피를 음미해보아도 좋을 듯하다. 원두를 200그램 이상 구매하는 손님에게는 커피 한 잔을 무료로 제공하니 원두를 구매하여 커피와 도넛을 함께 즐기는 것도 좋겠다.

COFFEE WRIGHTS Omotesando 커피 라이츠 오모테산도점

시부야 구 진구마에 4-9-13 / 4-9-13 Jingumae, Shibuya-ku

11:00~18:00 (수 휴무)

coffee-wrights.jp @coffeewrights_omotesando

HIGUMA
Doughnuts
CW
Coffee
Wrights

CW

CW
Good Manners!
Thank you!

HIGUMA
Doughnuts
HIGUMA
Doughnuts

MARUYAMA COFFEE
Omotesando Single Origin Store

1991년 나가노에 처음 문을 연 〈마루야마 커피〉는 역사나 규모에 있어서 명실상부한 일본 최고의 스페셜티 커피숍이다. 나가노를 시작으로 지점을 확장하여 현재는 도쿄 인근에 니시아자부점, 오모테산도점, 가마쿠라점 등 5개의 매장을 운영하고 있다. 2014년 월드 바리스타 챔피언인 이자키 히데노리井崎英典, 2017년 월드 바리스타 챔피언십 2위 수상자인 스즈키 미키鈴木みき 등 가장 많은 일본 바리스타 챔피언을 배출한 곳이기도 하다.

2017년에 문을 연 오모테산도점은 나이 지긋한 동네 주민들이 단골처럼 애용하는 전통적인 분위기의 니시아자부점과는 분위기가 사뭇 다르다. 도쿄의 번화가 중 하나인 오모테산도의 〈블루 보틀〉 아오야마점 뒷골목에 뒤지지 않는 트렌디한 모습으로 자리하고 있다.

이름에서도 알 수 있듯이 원두 판매에 더 중점을 둔 이 가게는 1층 공간 전체를 원두를 판매하는 곳으로 할애하고, 2층에 커피를 마실 수 있는 자리를 스무 석 정도 마련해두었다. 2층으로 올라가 자리에 앉으면 〈마루야마 커피〉 이름으로 발행된 여섯 면짜리 신문이 메뉴판으로 제공된다. 〈마루야마〉와 다이렉트 트레이드•로 거래하는 농장에 관한 소개가 첫 면을 장식하고 있고, 다음 면을 펼치면 선택 가능한 수많은 종류의 원두 메뉴가 지면을 가득 채우고 있다. 특히

• 지역별 커피 농장들과 중간 상인을 거치지 않는 직접 무역

다른 곳에서는 스페셜 메뉴로 하나 정도 구비하고 있을까 말까 한 COE Cup of Excellence 1위 커피나 게이샤 품종 커피가 여러 종류가 준비되어 있고, 심지어 가격도 그리 비싸지 않다. COE는 주로 중남미 지방의 커피 재배지에서 농장별로 출품한 커피 중에서 최고 품질의 일부 커피에만 부여되는 타이틀이다.

〈마루야마〉는 프렌치프레스로 싱글 오리진 커피를 추출해서 제공하지만 오모테산도점에서는 프렌치프레스 외에 사이펀 추출도 선택할 수 있다. 사이펀 추출은 가열된 물이 수증기가 되어 하부 플라스크에 압력을 가하면 물이 상부 플라스크로 올라가 커피와 만나게 되는 방식으로, 끓는 점에 가까운 온도와 커피와의 짧은 접촉 시간으로 인하여 깔끔하고 농도 깊은 맛을 얻을 수 있는 것이 특징이다. 이러한 추출 방식은 배전도가 높은 편인 마루야마 커피의 원두와 아주 좋은 조합을 이룬다.

〈마루야마 커피〉를 방문한다면 다른 곳에서는 맛보기 힘든 볼리비아 게이샤Bolivia Geisha나 각종 COE 커피를 사이펀 추출로 마시는 것을 추천한다. 다른 곳에서 구하기 어려운 고가의 희귀한 커피를 비교적 저렴한 가격으로 마실 수 있기 때문이다. 도쿄에서 유명한 빈투바 초콜릿 브랜드 〈미니멀Minimal〉의 초콜릿으로 만든 디저트도 판매하고 있으니 커피와 함께 곁들여 먹으면 좋다.

MARUYAMA COFFEE Omotesando Single Origin Store
마루야마 커피 오모테산도 싱글 오리진 스토어

미나토 구 미나미아오야마 3-14-28 / 3-14-28 Minamiaoyama, Minato-ku

10:00~21:00 (수 휴무)

maruyamacoffee.com @maruyamacoffee_omotesando

Introducing Our New
50 Lbs. Elite
Coffee Project
Reserva del Productor
Margarita
Lopez
MWENDIWEGA
Mwendi Wega

Enrique Navarro
Giakanja
Theri Factory

4 CHOP COFFEE

최근 몇 년간 도쿄에는 새로운 스페셜티 커피숍이 다양한 색깔을 갖추고 속속 생겨나고 있다. 특히 새로 오픈한 스페셜티 커피숍들은 현대적이고 감각적인 인테리어와 특유의 감성으로 대중에게 관심을 받았는데, 2017년 문을 연 〈춥 커피〉도 오픈하자마자 많은 유명인이 찾아오며 화제를 불러일으켰다.

UN대학 뒤편, 오모테산도에서는 꽤 깊숙한 곳에 위치한 이곳을 처음 발견하면 마치 서울의 어느 골목에 새로 생겼을 법한 카페에 온 듯이 친숙한 느낌을 받는다. ㄱ자 모양 바를 둘러싸고 가볍게 앉을 수 있는 좌석이 몇 개 준비되어 있고, 바 내부에 있는 커피를 로스팅하는 기센 로스터기가 한눈에 들어온다. 도쿄에서는 기센을 쓰는 곳이 거의 없는데, 이러한 선택을 봐도 도쿄의 다른 커피숍들과는 무언가 다른 느낌이 있다. 여느 일본 커피숍들과는 조금 다른 결을 가진 세련됨이다. 알고 보니 〈춥 커피〉는 홍콩 출신의 아트 디렉터 파이크Paik가 설립해 운영하는 곳이라고 한다.

브라질, 탄자니아 등 싱글 오리진과 배전도별로 구분한 블렌드 몇 종 중에 원두를 선택할 수 있는데, 일부 원두는 표면이 유분으로 반짝거릴 정도로 배전도가 상당히 높다. 대부분의 도쿄 스페셜티 커피숍들이 하리오 V60나 칼리타 웨이브 드리퍼를 사용하여 드립 커피를 추출하는 데 반하여 〈춥 커피〉는 고노 드리퍼로 점 드립 방식의 추출을 한다. 과거 전통적인 도쿄 카페들은 상당히 배전도 높은 원두를 사용하며 커피의 모든 진한 맛을 다 뽑아내는 드립 방식을 추구했는데, 고노 드리퍼가 이러한 추출에 많이 선호된다. 현대적이고 세련된 공간에서 이렇게 커피를 추출하는 모습을 보는 것도 꽤 신선한 반전이다.

거의 점 드립에 가까운 방식으로 추출한 커피는 요즘 스페셜티 커피숍에서는 찾아보기 힘든 진한 농도를 지닌 맛이었다. 그럼에도 원두가 가진 본연의 맛을 모두 끌어냈다. 배전도가 높아 위에 살짝 부담이 갈 만큼 진하지만 좋은 느낌으로 마실 수 있었다. 이곳에서 판매하는 유자 쿠키를 곁들이니 쿠키의 새콤달콤한 맛이 더해져 더욱 절묘한 조합으로 커피의 맛이 돋보인다. 〈촙 커피〉는 캣스트리트에도 2호점을 내며 그 인기를 계속해서 이어나가고 있다.

CHOP COFFEE Omotesando 촙 커피 오모테산도점

시부야 구 진구마에 5-44-12 / Jingumae 5-44-12, Shibuya-ku

12:00~18:30 (일 휴무)

chopcoffee.com @chopcoffee_omotesando

KŌNO

5 THINK OF THINGS

평일이든 주말이든 언제나 관광객으로 북적이는 하라주쿠 역은 스페셜티 커피숍이 차분히 자리 잡기에는 너무나 번화한 환경이다. 하지만 도쿄의 많은 동네가 그렇듯 가장 번화한 골목인 다케시타 도리를 지나 한 블록만 더 올라가면 순식간에 관광객들이 모두 사라진 조용한 거리에 다다른다. 도로를 중심으로 메이지진구마에에서 센다가야로 행정구역이 바뀌는 길가에 위치한 〈띵크 오브 띵스〉는 100년이 넘는 역사를 가진 문구 회사 〈고쿠요KOKUYO〉가 새롭게 선보인 라이프 스타일 편집숍으로, 건물 1층에 〈옵스큐라 커피OBSCURA COFFEE〉가 프로듀스한 카페가 자리하고 있다.

〈옵스큐라 커피〉는 히로시마 출신의 친구 세 명이 산겐자야에 뿌리를 내리고 시작한 로컬 커피숍이다. 산겐자야에 있는 4개 지점 외에 히로시마에 지점 2개를 운영하는 꽤 견실한 스페셜티 커피 브랜드다. 일본에서는 어느 정도 자리를 잡고 노하우를 쌓은 커피숍이 새롭게 론칭을 준비하는 다른 커피숍의 콘셉트나 인테리어, 원두 납품, 커피 관련 교육 등을 제공하는 것을 '프로듀스'라고 표현한다. 실제로 어느 정도 상업적 성공을 거뒀거나 운영에 있어서 노하우를 전수할 수 있는 경지에 이른 커피숍이 주로 프로듀스를 하기 때문에 프로듀스 한다는 것만으로도 명성이나 실력을 보여주는 하나의 잣대가 되곤 한다.

〈옵스큐라 커피〉는 그동안 쌓아온 노하우를 바탕으로 이케부쿠로의 〈커피 밸리COFFEE VALLEY〉, 신주쿠와 오모테산도에 있는 〈코비 커피COBI COFFEE〉, 지유가오카의 〈선셋 커피Sunset Coffee〉 등 여러 유명한 커피숍을 프로듀스해왔다. 〈띵크 오브 띵스〉도 그 결과물 중 하나로, 그들의 색깔이 많이 드러나지 않으면서도 안정감 있고 정리된 공간을 만들어냈다.

입구로 들어서면 정면에 보이는 커피 바에서 점원들이 가볍게 인사를 건네며 맞아준다. 각종 커피 메뉴 외에도 몇 가지 종류의 빵을 판매하며 주스나 차 같은 음료도 준비되어 있다. 테이블 공간이 마련되어 있지는 않지만 바 주변에 놓인 의자나 바깥 테라스에 걸터앉아 음료를 마실 수 있다. 바 뒤쪽으로 돌아가면 아기자기하고 세련된 문구류를 비롯해 잡화, 가구 등 〈고쿠요〉의 오리지널 제품과 엄선하여 고른 브랜드의 디자인 제품이 진열되어 있다. 복잡한 하라주쿠 거리에서 잠시나마 벗어나 커피 한 잔 마시면서 휴식을 취하고 싶을 때면 〈띵크 오브 띵스〉를 찾아도 좋다.

THINK OF THINGS 띵크 오브 띵스

시부야 구 센다가야 3-62-1 / 3-62-1 Sendagaya, Shibuya-ku

10:00~20:00 think-of-things.com @think_of_things

THINK OF THINGS
3-62-1 SENDAGAYA, SHIBUYA-
KU, TOKYO 150-0051, JAPAN
HTTP://THINK-OF-THINGS.COM
TELEPHONE +81.3.6447.1113

THINK

BEANS
ORIGINAL
ETHIOPIA

dotcom space Tokyo

하라주쿠 다케시타도리의 바로 옆 골목, 세련된 외관을 지닌 2층짜리 건물 지하 공간에 자리한 〈닷컴 스페이스 도쿄〉는 비교적 사람이 많이 지나다니는 길임에도 불구하고 쉽게 눈에 띄지 않아 지도를 보고 찾아가지 않으면 그냥 지나치기가 십상이다. 작은 입간판을 찾아 외부로 난 계단을 따라 지하로 내려가면 생각보다 넓고 아늑한 분위기를 품은 공간이 나타난다.

중국의 〈닷컴Dotcom〉이라는 스타트업이 베이징과 샌프란시스코에 이어 세 번째로 오픈한 〈닷컴 스페이스 도쿄〉는 스페셜티 커피와 테크놀로지의 만남을 테마로 삼아 한 잔의 스페셜티 커피로부터 새로운 연결이 생겨나는 커뮤니티 공간을 표방하며 2019년 3월에 그 시작을 알렸다. 이곳에서는 〈버블랩bubble lab〉이라는 회사에서 개발한 우유를 필요한 만큼 정확하게 따라 내는 자동 우유 디스펜서 'Drop', 원하는 형태로 핸드드립 커피를 추출할 수 있는 자동 추출 머신 'Drip' 같은 자동화된 커피 기기의 시제품을 바에 설치하여 선보이고 있다.

하지만 〈닷컴 스페이스 도쿄〉의 가장 큰 매력은 최첨단 기계도, 멋진 공간도 아닌 일본 핸드드립 챔피언십JHDC의 2016년 챔피언인 사토 고타佐藤昂太 씨가 엄선한 도쿄 최고의 로스터리 원두를 사용하여 제공하는 스페셜티 커피다. JHDC는 일본에서만 개최되는 핸드드립 챔피언십으로, 참가자가 직접 선별한 최고급 원두를 이용하여 자유롭게 커피를 추출하여 제공하는 일본 브루어스 컵과는 달리 원두와 도구에 대한 조건을 모두 동일하게 두고 순전히 드립 기술로만 자웅을 겨루는 대회다. 드립 커피를 추출하는 기술에 있어서 최고로 손꼽히는 바리스타를 통하여 매장에서 제공되는 커피 품질을 관리하고 최고의 한 잔을 추출하기 위한 노력을 게을리하지 않는 것이다.

〈닷컴 스페이스 도쿄〉에서는 원두를 직접 로스팅하지 않고 다른 스페셜티 커피숍의 원두를 사용한다. 도쿄의 대표적인 스페셜티 커피 브랜드인 〈푸글렌FUGLEN〉, 월드 브루어스 컵 챔피언 가스야 데츠粕谷哲 씨가 운영하는 〈필로코페아PHILOCOFFEA〉, 2019년 일본 핸드드립 챔피언십과 일본 브루어스 컵을 동시에 석권한 하타케야마 다이키畠山大輝 씨의 〈비스포크 커피 로스터즈BESPOKE COFFEE ROASTERS〉의 원두를 취급하고 있다.

커피 품질을 신경 쓰는 커피숍은 매일 날씨와 원두 상태에 따라 에스프레소 머신의 추출 방식이나 원두의 분쇄도를 다시 설정하는데, 이곳은 매일 아침 원두의 상태를 체크하며 분쇄도뿐만 아니라 핸드드립에 사용되는 원두 양이나 추출 양도 다르게 한다고 한다.

바리스타가 정성스럽게 내려주는 온전한 드립 커피를 즐기려면 바 자리에 앉아 바리스타와 대화를 나누며 커피를 마시는 편이 좋다. 〈닷컴 스페이스 도쿄〉에는 오픈 초기부터 합류하여 실력을 키우고 있는 한국인 바리스타 김병철 씨가 근무하고 있어서 타지에서의 적응기와 일본의 스페셜티 커피 문화에 관한 많은 이야기를 들을 수 있었다. 오픈 당시에 처음 만나고 1년 만에 다시 만난 김병철 씨는 그사이 도쿄 내 많은 스페셜티 커피숍의 바리스타들과 교류하며 숙련된 바리스타가 되어 있었다. 2~3년 전만 하더라도 일본의 스페셜티 커피숍에서 일하는 한국인 바리스타를 거의 볼 수 없었는데, 최근에는 〈버브 커피VERVE COFFEE〉나 〈오니버스 커피ONIBUS COFFEE〉에서도 한국인 바리스타를 만날 수 있으니 스페셜티 커피 업계에서 양국의 교류가 활발해지고 있는 것을 실감한다.

바에 앉아서 끊임없이 몰려드는 손님들이 주문하는 메뉴를 보니 딸기를 올린 시즈널 토스트와 마시멜로가 들어간 핫초코가 단연 인기였다. 편안한 카페 같은 공간에서 맛있는 디저트를 맛보며 스페셜티 커피를 즐길 수 있으니 다양한 고객층에게 만족을 선사할 만한 곳이다.

dotcom space Tokyo 닷컴 스페이스 도쿄

시부야 구 진구마에 1-19-19 에린데일 빌딩 B1F / Erindale Bldg B1F, 1-19-19 Jingumae, Shibuya-ku

10:00~19:00 facebook.com/dotcomspacetokyo

@dotcomspacetokyo

THE LOCAL COFFEE STAND

일본 스페셜티 커피를 소개하는 온라인 매체로 가장 유명한 곳 중 하나인 「Good Coffee」와 모바일 사전 주문 서비스를 제공하는 「O:der」가 컬래버레이션하여 탄생시킨 〈더 로컬 커피 스탠드〉는 '도쿄 커피 페스티벌'을 주최하고 있는 오쓰키 유지大槻佑二 씨가 운영을 맡으며 도쿄 스페셜티 커피 신의 구심점 역할을 하고 있는 곳이다. 오쓰키 씨는 〈글리치 커피GLITCH COFFEE〉에서도 근무한 경험이 있는 〈폴 바셋〉 출신의 베테랑 바리스타로, 〈더 로컬 커피 스탠드〉와 신주쿠에 위치한 〈올 시즌스 커피4/4 SEASONS COFFEE〉를 동시에 운영하고 있다.

〈더 로컬 커피 스탠드〉는 자체 로스팅한 원두로 커피를 제공하기보다는 전국 각지의 원두를 소개하는 원두 셀렉트 숍의 성격이 더 짙다. 분기별로 바뀌는 원두 라인업은 일본에 한하지 않고 대만, 미국 등 다양한 국가의 원두를 소개하고 있어 전 세계의 커피숍을 찾아가지도 않고도 맛있는 커피를 맛볼 수 있는 경험을 제공한다. 또한 커피를 테마로 한 전시회를 열거나 게스트 바리스타 이벤트를 진행하며 도쿄 스페셜티 커피 문화를 하나로 묶는 역할도 하고 있다. 국내외의 여러 로스터리, 바리스타들과 끈끈한 네트워크를 맺고 있어서인지 이곳에 방문할 때마다 다양한 커피 관계자들이 매장에 찾아와 자연스럽게 이야기를 나누는 모습을 볼 수 있었다.

도쿄의 여러 스페셜티 커피숍을 다니며 가장 인상적이었던 점은 각자가 자신의 가게나 커피에 대한 프라이드와 고집이 있으면서도 서로 밀접하게 교류하고, 새로운 시도를 함께하는 게 무척 자연스럽다는 것이다. 한국에서도 여러 로스터리의 커피를 소개하는 온오프라인 매장들이 생기고 있고, 가게마다 스페셜티 커피를 알리기 위한 다양한 이벤트를 점점 더 활발하게 기획하고 있는 듯하다. 도쿄 스페셜티 커피 신에서의 교류와 통합이 어떻게 이루어지고 있는지 궁금하다면, 〈더 로컬 커피 스탠드〉에 앉아 오가는 사람들을 느긋하게 관찰해보아도 좋을 것이다.

THE LOCAL COFFEE STAND 더 로컬 커피 스탠드

시부야 구 시부야 2-10-15 / 2-10-15 Shibuya, Shibuya-ku

8:00~19:00 / 토, 일 11:00~19:00

thelocal2016.com @thelocal2016

THE
LOCAL
COFFEE

Daniel
Caesar

GOOD COFFEE LAB.

ABOUT LIFE COFFEE BREWERS

〈어바웃 라이프 커피 브루어스〉는 최근 몇 년간 전 세계 커피 애호가들로부터 가장 많은 사랑을 받은 도쿄 커피숍 중 하나라고 해도 지나치지 않다. 도쿄로 여행을 간다면 누구나 꼭 한 번은 들르는 시부야에 위치해 있지만 중심 번화가를 벗어난 도겐자카 지역의 언덕 중턱에 조용히 숨어 있어서 우연히 지나치기는 어려운 곳이다.

5평 남짓한 코너 공간에 난 창으로 주문을 받고 브루잉을 하는 카운터가, 그 옆으로는 에스프레소 추출을 위한 라마르조코 리네아 머신이 있다. 실내에 두세 명 정도 겨우 서 있을 만한 공간이 있지만 대부분의 사람들은 커피 스탠드 앞 외부 공간에 서서 자유롭게 커피를 즐긴다.

이곳에서는 라테나 카푸치노 같은 에스프레소 추출 커피 외에도 하리오 V60로 내리는 필터 커피도 마실 수 있다. 필터 커피는 〈오니버스 커피〉, 〈스위치 커피SWITCH COFFEE〉, 〈아마메리아 에스프레소AMAMERIA ESPRESSO〉 등 세 곳의 로스터리에서 로스팅한 원두 중 하나를 선택할 수 있다. 사실 〈어바웃 라이프 커피 브루어스〉는 〈오니버스 커피〉에서 운영하는 곳이지만, 자신들이 로스팅하는 원두만을 고집하지 않고 도쿄의 오래된 로스터리들의 원두도 나란히 소개하고 있다. 로스터리마다 로스팅 방식이나 배전도에 차이가 있고, 원두의 산지도 각각 달라서 각 로스터리의 원두를 비교하며 마셔볼 수 있는 재미가 있다.

눈앞에서 내려주는 커피 한 잔을 기다리는 동안에도 사람들의 발길은 어김없이 이쪽으로 향한다. 여유롭게 커피를 즐기는 손님, 손님들과 자연스럽게 인사를 나누고 넘치는 에너지로 커피를 만들어내는 바리스타. 많은 바리스타들이 꿈꾸는 가장 이상적인 커피 스탠드에 가까운 곳은 바로 여기가 아닐까.

ABOUT LIFE COFFEE BREWERS 어바웃 라이프 커피 브루어스

시부야 구 도겐자카 1-19-8 / 1-19-8 Dogenzaka, Shibuya-ku

8:30~19:00 / 토, 일 9:00~19:00

about-life.coffee @aboutlifecoffeebreweres

ABOUT LIFE
BLACK
WHITE
FILTER
OTHER

BLACK
◆ onibus coffee
ESPRESSO 300
AMERICANO 360 390
TODAY'S COFFEE 290 320
WHITE
◆ onibus coffee
LATTE 430 450
Milk / Soy
FILTER
DRIP COFFEE 400 430
◆onibus coffee
El Salvador Santa Elena Washed/Siberia Natural
エル サルバドル サンタエレナ ウォッシュト/シベリア ナチュラル
Rwanda Nyabuye Washed
ルワンダ ニャカブエ ウォッシュト
◆switch coffee tokyo
Guatemala El Socorro Washed
グアテマラ エル ソコロ ウォッシュト
Brazil Monte Aregre Natural
ブラジル モンテアレグレ ナチュラル
◆amameria espresso
Honduras jazmin Washed
ホンジュラス ジャスミン ウォッシュト
Ethiopia Kochare Natural
エチオピア コチャレ ナチュラル
OTHER

ABOUT LIFE
COFFEE BREWERS
BLACK
Americano 400 420
WHITE
Latte 450 470
Milk/Soy
FILTER
SWITCH COFFEE TOKYO
Drip Coffee 430 450
OTHER
Quick Brew Coffee 320 350
Cold Brew - 420
Extra Shot 150 -

⑨ HEART'S LIGHT COFFEE

시부야 〈어바웃 커피 라이프 브루어스〉에서 길을 건너 신센 역 방향 골목으로 접어들면, 정신없이 번화한 시부야 중심가에 비해 여유롭고 분위기 있는 맛집들이 늘어서 있다. 상업 공간이라기보다는 오히려 주거 공간의 느낌이 더 강한 신센 지역 끝에 다다르면 늘 밝고 활기차게 손님을 맞아주는 〈하츠 라이트 커피〉를 찾을 수 있다.

전면 유리창을 통해 내부 바 전체가 보이는 카페는 좌석이라고는 창을 바라보는 몇 자리밖에 없는 커피 스탠드에 가까운 형태다. 전체 공간의 3분의 2 정도에 달하는 커피 바 안쪽으로는 로스터기가 상당한 자리를 차지하고 있고, 검정과 빨강 패턴으로 커스터마이즈된 슬레이어 에스프레소 머신이 멋진 모습으로 손님을 맞이한다.

드립 커피를 선택하면 몇 종류의 원두 중에서 하나를 고를 수 있다. 주문과 동시에 에스프레소 머신 건너편 드립 스테이션에서 추출이 시작된다. 처음 보는 형태의 드립 스탠드 위에 고노 드리퍼가 올려져 있는데, 추출이 시작되는 동시에 바리스타가 스위치를 켜니 드리퍼가 회전하기 시작했다. 주전자를 움직이지 않고 고정된 자리에 물줄기를 떨어뜨리면 회전하는 드리퍼 속의 커피가 저절로 고르게 적셔지며 추출이 되는 방식이다. 이 신기한 기계는 이곳의 바리스타인 오카야스 겐타岡安健太 씨가 타미야 기어박스를 이용해 제작한 세상에서 하나밖에 없는 자동 회전 드리퍼다.

내내 탄성을 지르며 바라본 기계가 만들어낸 커피는 모든 맛이 골고루 배어나온 훌륭한 커피였다. 회전에 따른 저항을 줄이기 위해서 리브rib가 소용돌이처럼 감긴 모양의 하리오 V60 대신 고노 드리퍼를 선택했다고 하는데, 제대로 된 맛을 내기 위해 여러 가지 연구를 했던 것으로 보인다.

그 이후로 〈하츠 라이트 커피〉는 도쿄에 가게 되면 꼭 들르는 단골 가게가 되었다. 퇴근 후 저녁을 먹고 느지막한 시간에 찾아가, 마치 바에서 칵테일 한 잔을 마시듯 커피 한 잔을 놓고 시간 가는 줄 모르고 앉아 있다가 오곤 했다. 공동 창업자 중 한 명인 오카야스 씨는 말주변이 좋아 세상사에 관한 온갖 이야기를 나누며 처음 보는 손님이라도 어느새 대화에 참여하게 만드는 힘이 있었다.

회전 드리퍼 외에도 이곳의 주된 이야깃거리 중 하나는 가게에서 가장 중요한 역할을 맡고 있는 로스터기다. 터키에서 제조된 'Kuban'이라는 로스터기는 일본에 한 대밖에 없다. 수입하는 업체가 없어서 직접 해외에 주문했다고 한다. 통관부터 배송까지 모두 직접 하다 보니 가게 앞에 덩그러니 놓고 간 로스터기를 낑낑거리며 들여놓는 일이 가장 힘들었다고 한다.

유동 인구가 많지 않은 조용한 골목에 자리하고 있지만, 일부러 〈하츠 라이트 커피〉를 찾아오는 손님이 점차 늘어나고, 최근에는 이곳의 원두를 사용하는 커피숍들도 몇 곳이 생겼다고 한다. 북적거리는 시부야를 벗어나 잠시나마 따뜻한 환대를 경험하고 싶다면, 발품을 팔아 들러볼 만한 가치가 있는 곳이다.

HEART'S LIGHT COFFEE 하츠 라이트 커피

시부야 구 신센초 13-13 / 13-13 Shinsencho, Shibuya-ku

9:00~21:00 / 토 12:00~19:00 (일 휴무)

heartslightcoffee.com @heartslightcoffee

COFFEE
LATTE
COFFEE ¥450
AMERICANO ¥400
ESPRESSO ¥350
OPEN
EVERYDAY
08:00-22:00

10 FUGLEN TOKYO

도쿄의 모든 커피숍을 통틀어 가장 유명한 곳으로 손꼽히는 〈푸글렌〉은 노르웨이 오슬로에 본점을 두고 있는 커피 전문점이다. 〈폴바셋〉 출신 바리스타 고지마 겐지小島賢治 씨가 오슬로로 건너가 〈푸글렌〉 본점에서 일하다가 일본으로 돌아와 2012년에 도쿄에 분점을 냈다. 일찍이 노르딕 커피로 스페셜티 커피 신을 이끌어간 노르웨이 커피뿐만 아니라 칵테일과 빈티지 가구도 매장에서 판매하는데, 오슬로의 멋진 공간을 도쿄에 그대로 재현해놓았다.

요요기 공원 옆길을 따라 NHK 방송국 쪽을 향해 걷다가 한 블록 안쪽 골목으로 들어가면 예상치 못한 순간에 보이는 빨간 새 모양 로고가 카페에 도착했음을 알린다. 흰색 벽 건물에 목조 프레임으로 이루어진 단순한 외관은 북유럽의 어느 가게 앞에 온 듯한 느낌을 선사한다.

오쿠시부야라고도 불리는 이 동네는 〈푸글렌〉을 필두로 〈리틀 냅 커피 스탠드Little Nap COFFEE STAND〉, 〈카멜백CAMELBACK〉, 〈커피 슈프림COFFEE SUPREME〉 등 유명한 커피숍이 골목 사이사이에 자리를 잡고 있어 많은 이들이 일부러 찾아오는 명소다. 그래서인지 이른 아침 모닝커피를 마시러 오는 손님부터 늦은 밤 칵테일 한잔하려는 손님까지 온종일 발길이 끊이지 않는다.

〈푸글렌〉의 원두는 도쿄에서 직접 로스팅하지만 북유럽에서 온 로스터리답게 약배전한 커피 맛을 자랑한다. 지나치게 약배전한 커피는 자칫 산미가 도드라져서 기분 나쁜 맛이 나기도 하고, 오래된 커피 애호가들은 커피 같지 않은 맛 때문에 먹기 어려워하는 경우도 많다. 하지만 이곳의 커피는 배전도가 매우 낮은 편임에도 불구하고 산미가 전혀 기분 나쁘게 다가오지 않고 〈푸글렌〉만의 개성을 가득 담아 입에 들어온다. 그런 점에서 정성스레 내린 드립 커피보다도 에스프레소 머신으로 추출한 아메리카노나 대량으로 침전시켰다가 바로 한 잔씩 제공하는 배치batch 브루 커피가 오히려 더 맛있게 느껴지기도 한다.

늦은 밤의 〈푸글렌〉은 또 다른 반전의 매력을 선사한다. 매일 자정 가까운 시간까지 영업하고, 요일에 따라서는 새벽 2시까지 문을 열 때도 있다. 저녁 이후에는 커피는 배치 브루로만 제공되고, 각종 칵테일 메뉴가 제공된다. 손님 중 외국인 여행객 비중이 상당히 높은 데다가 자정이 가까운 시간에도 앉을 자리가 없어 스탠딩으로 칵테일 한 잔을 즐기며 이야기를 나누는 풍경은 일본의 여느 커피숍에서는 보기 드문 장면이기도 하다. 유명세 탓에 커피 자체보다는 공간으로서 소비되는 느낌도 있지만, 산미가 강한 스페셜티 커피를 누구라도 부담 없이 마실 수 있게 대중화시켰다는 점만으로도 그 존재 가치가 충분한 곳이다.

FUGLEN TOKYO 푸글렌 도쿄

시부야 구 토미가야 1-16-11 / 1-16-11 Tomigaya, Shibuya-ku

월, 화, 수 8:00~21:30 / 목, 일 8:00~24:30 / 금, 토 8:00~25:30

(영업시간이 수시로 바뀌니 '구글 맵 google maps' 정보를 확인)

fuglen.com @fuglentokyo

COFFEE SUPREME TOKYO

일본의 주요 로스터리들이 한자리에 모여 스페셜티 커피를 대중에게 알리는 '도쿄 커피 페스티벌'은 일본에서 열리는 가장 규모 있는 커피 이벤트다. 2015년에 처음 개최된 이래로 매년 두 차례씩 열리는 이 페스티벌에 도쿄를 포함한 일본 전역의 로스터들이 참가하고 있다.

2017년 가을에 열린 도쿄 커피 페스티벌의 주인공은 도쿄로의 진출을 준비하고 있던 〈커피 슈프림〉이었다. 유명 의류 브랜드를 떠올리게 하는 빨간 글씨의 'SUPREME' 로고를 앞세운 이 뉴질랜드 커피숍은 도쿄에 매장을 오픈하기도 전에 커피 페스티벌 참가자들의 관심을 한 몸에 받았다. 커피 한 잔을 마시기 위해 늘어선 긴 줄 끝에는 커피뿐만 아니라 심플한 로고를 활용한 원두 패키지와 각종 MD 상품들이 그 존재감을 확실히 보여주고 있었다.

그로부터 얼마 지나지 않은 2017년 10월, 여행객들이 즐겨 찾는 동네 중 하나인 오쿠시부야에 〈커피 슈프림〉이 문을 열었다. 〈푸글렌〉과도 멀지 않고, 샌드위치로 유명한 〈카멜백〉 바로 옆에 자리한 매장은 완전히 개방된 전면을 갖춘 멋진 외관으로 지나가는 사람들의 시선을 금세 사로잡았다.

길이 세 갈래로 갈라지는 애매한 위치에 삼각주 같은 모양으로 지어진 독특한 형태의 건물을 기다랗게 활용해 활짝 열린 공간에서 손님을 맞이한다. 바 공간을 포함해 몇 석 되지 않는 실내 자리에 앉거나 커피숍 전면 야외에 비치된 의자에 앉아 커피를 즐길 수 있다.

배치 브루로 판매하는 필터 커피와 기본적인 에스프레소 음료 외에 아침 식사로 먹을 만한 건강해 보이는 빵도 판매한다. 필터 커피는 도쿄의 다른 스페셜티 커피숍에 비해 다소 배전도가 높지만 그렇게 높은 편은 아니어서 편하게 마실 수 있는 맛이다.

한쪽 벽면에는 의류 등 각종 MD 상품을 진열해두었다. 최근에는 물에 바로 타서 먹을 수 있는 커피를 출시하여 판매하고 있다. 한국에서는 너무나 익숙한 방식이지만, 양질의 스페셜티 커피가 들어간 인스턴트 커피를 판매하는 곳은 아직까진 거의 없는 듯하다. 산미와 단맛이 그대로 보존되어 있어 가볍게 한잔 마시기에 손색이 없어서 커피를 좋아하는 사람에게 선물하기에도 좋은 아이템이다.

COFFEE SUPREME TOKYO 커피 슈프림 도쿄

시부야 구 가미야마초 42-3 / 42-3 Kamiyamacho, Shibuya-ku

8:00~19:00 coffeesupreme.com @coffee_supreme_jpn

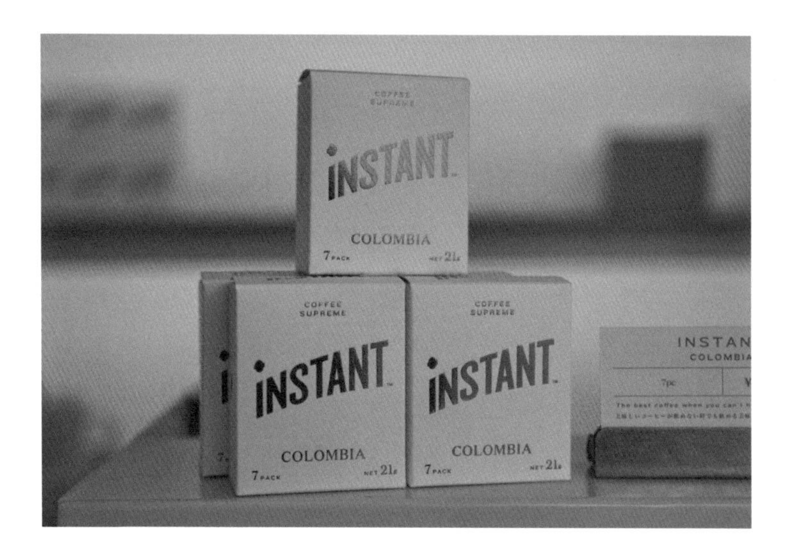
COFFEE SUPREME
INSTANT
COLOMBIA
7 PACK
NET 21g

COFFEE
SUPREME
TOKYO

12 VERVE COFFEE ROASTERS Shinjuku

2007년에 미국 캘리포니아 산타크루즈에 문을 연 〈버브 커피 로스터즈〉는 미국 스페셜티 커피 물결을 일으킨 브랜드 중 하나로 꼽힌다. 〈버브 커피〉는 도쿄 신주쿠에 최초의 아시아 지점을 연 이후 가마쿠라점, 오모테산도점까지 3개의 지점을 오픈했다(오모테산도점은 2020년 1월부로 영업을 종료하고, 롯폰기와 가마쿠라에 새로운 지점을 준비하고 있다). 미국 외에는 오직 일본에서만 매장을 운영하고 있는데, 그만큼 스페셜티 커피 시장에 있어서 일본이 얼마나 중요한 위치를 차지하고 있는지를 보여주는 사례다.

〈버브 커피〉가 2016년 일본에 진출하며 선택한 첫 번째 장소는 신주쿠였다. 신주쿠 역은 일본에서 가장 규모가 크고 복잡한 역으로, 1일 탑승객 수가 전 세계에서 가장 많다고 알려져 있다. 수십 개의 지하철 노선이 얽혀 있는 데다가 환승 통로에 백화점과 상가들이 연결되어 있어, 지하를 통해 어떤 장소를 찾아가다 보면 길을 잃어버리기가 다반사다. 그런 신주쿠 역에서도 가장 복잡하다는 JR노선에 뉴우먼NEWoMAN이라는 빌딩이 2016년에 들어섰다. 복합 쇼핑몰인 이 빌딩의 1층에는 〈블루 보틀〉이 자리 잡아 언제나 관광객들과 현지인들이 길게 줄을 서서 커피를 마시고 있다. 〈버브 커피〉는 같은 건물의 2층에 있지만 건물 내에 있다고 하기에는 다소 애매한 위치에 있어서 지도만 보고 매장을 찾아가기가 쉽지 않다. JR선을 타고 신주쿠 역에 내렸다면, 새로 생긴 미라이나 타워 출구를 따라 밖으로 나와 오른쪽에 있는 코너를 돌면 바로 찾을 수 있다.

가게 앞에 서면, 바리스타들의 적극적인 관심에 다른 곳으로 발걸음을 돌리기가 어려워진다. 미국 스페셜티 커피 문화 특유의 환대와 일본 특유의 친절함이 더해져 누구나 편하게 커피 한 잔을 주문하고 마실 수 있는 분위기다. 특히 커피나 원두를 주문할 때 직원이 여러 가지 설명을 곁들여 스페셜티 커피에 더 친숙해지도록 유도해준다. 또한 직원들은 시종일관 유쾌하게 손님을 대하여 기분 좋은 경험을 선사한다.

도쿄에 출장을 오면 이 건물에 있는 회사를 자주 방문하곤 했다. 그때마다 점심 식사 후에 〈버브 커피〉를 마실 수 있다는 것은 대단히 기분 좋은 일이었다. 일본 동료들과 커피를 마시며 알게 된 사실은 일본에서는 점심을 먹고 커피를 마시는 일이 필수가 아니라는 것이었다. 한국 직장인 대부분에게는 점심 식사 후 마시는 커피 한 잔이, 그것이 카페에서 마시는 아메리카노든, 자판기 커피든, 종이컵에 타 먹는 믹스커피든, 일과에서 빠질 수 없는 의식과 같은 코스인데 말이다. 오히려 한국에서는 왜 모든 사람이 점심을 먹고 난 후에 커피를 마시는지를 반문한다. 아무래도 일본에서는 한 끼 식사를 하고 나면 따뜻한 차가 입가심으로 제공되는 곳이 대부분인 데다가 회사에서 먹는 식사비에 돈을 꽤 아끼는 직장인들에게 밖에서 사 먹는 커피는 사치스럽게 느껴질 수도 있을 것이다. 그러한 이유로 점심 식사 후 동료들을 데려가 커피를 사준 몇 번의 일을 제외하면 대부분 혼자 이곳에 들러 시간을 보내곤 했다.

도쿄의 다른 커피숍에 비해 드립 커피 가격은 조금 비싼 편이지만, 원두 구입 시 커피 한 잔을 무료로 제공하고 있어서 원두 한 봉지와 커피를 함께 주문하면 비교적 합리적인 가격으로 커피를 마실 수 있다. 칼리타로 내려주는 드립 커피 외에도, 여름이면 레몬과 로즈마리를 얹은 '에어로프레스 토닉', 겨울이면 오렌지 향 가득한 '라테 발렌시아'와 같은 메뉴를 마셔보는 것도 훌륭한 선택이다.

VERVE COFFEE ROASTERS Shinjuku 버브 커피 로스터즈 신주쿠점

시부야 구 센다가야 5-24-55 / 5-24-55 Sendagaya, Shibuya-ku

7:00~22:00 / 토, 일 7:00~21:30

vervecoffee.jp @vervecoffeejapan

FARMLEVEL
VERVE

PROUDLY
VERVE
A CUP for A BAG
1袋買うと 1杯サービス
VERVE

CHOCOLAT

13 4/4 SEASONS COFFEE

사계절 내내 커피와 함께하는 생활을 모티브로 한 〈올 시즌스 커피〉는 신주쿠 역에서 신주쿠 교엔 방향으로 조금 떨어진 신주쿠 2초메의 한적한 골목에 있다. 일부러 찾아가지 않으면 쉽게 발견하기 어려운 곳인데도 꽤 유명한 곳이라 그런지 다양한 나라에서 온 손님들이 이곳을 찾아오는 모습을 쉽게 발견할 수 있었다.

〈올 시즌스 커피〉는 〈폴 바셋〉 바리스타로 일하던 사이토 준齋藤淳 씨가 2015년에 오픈하여 운영하다가 건강상의 이유로 그만두고, 2018년부터 〈더 로컬 커피 스탠드〉의 오쓰키 씨가 이를 이어받아 운영하고 있다. 초기에는 〈글리치 커피〉 등 외부 로스터리의 원두를 사용하다가 2017년경부터 자체 로스팅을 시작했는데, 로스팅을 시작한 지 얼마 안 되어 방문했을 때에도 커피가 무척 맛있어서 인상에 강하게 남았다. 상당히 라이트한 약배전의 커피를 추구함에도 불구하고 너무 가볍지 않고 단맛이 잘 살아 있어 편하게 마실 수 있는 커피였다.

〈올 시즌스 커피〉에서 쓰는 작은 디드릭 로스터기는 〈패시지 커피PASSAGE COFFEE〉가 별도의 로스터리를 열기 전까지 함께 사용했다. 일본에서는 로스터기를 가지고 있지 않은 커피숍이 로스터기를 가지고 있는 커피숍의 공간을 빌려 원두를 로스팅하는 공유 방식이 매우 활발하게 이루어지고 있다. 로스터기를 공유하며 로스팅에 관한 정보도 나누고 친분도 이어가면서 효율적으로 비용을 관리할 수 있는 좋은 방식이다. 한국에서도 최근에는 이런 식으로 다른 로스터리 시설을 이용하여 원두를 로스팅하거나 로스터기 공유를 유료 서비스로 제공하는 비즈니스가 늘어나는 추세다.

사이토 씨가 운영을 그만두며 그동안 많은 사람에게 정이 들었던 이 공간이 없어지거나 변하게 되지 않을까 하는 우려가 있었지만, 이를 이어받은 오쓰키 씨가 커피의 맛이나 공간에는 변화를 주지 않되 다양한 디저트류를 추가하거나 여러 이벤트를 기획하며 끊임없이 생기를 불어넣고 있어 〈올 시즌스 커피〉는 제2의 전성기를 맞고 있다. 최근에는 요츠야 3초메에 2호점을 오픈하여 또 다른 분위기 속에서 손님을 맞이하고 있다.

4/4 SEASONS COFFEE 올 시즌스 커피

신주쿠 구 신주쿠 2-7-7 / 2-7-7 Shinjuku, Shinjuku-ku

8:00~21:00 / 금 8:00~15:00 / 토, 일 10:00~19:00

allseasonscoffee.jp @allseasonscoffee

ORDER HERE

WEEKDAY
8-20
HOLIDAY
COFFEE
&
SWEETS
SYNESSO

14 Paul Bassett Shinjuku

국내에서 2009년 1호점을 오픈한 이후로 이제는 〈스타벅스〉를 위협할 정도로 매장 수를 늘리고 있는 커피 체인점 〈폴 바셋〉. 이 유명한 브랜드는 2003년 월드 바리스타 챔피언십에서 역대 최연소의 나이로 챔피언 자리에 오른 바리스타 '폴 바셋'의 이름에서 시작되었다. 도쿄의 스페셜티 커피를 접하다 보면 심심찮게 접할 수 있는 이 이름은 한국에서 듣던 것과는 또 다른 무게감이 느껴진다.

호주 출신의 젊은 챔피언은 2006년 자신의 첫 번째 커피숍을 도쿄 긴자에 오픈했다. 이후 몇 개의 지점이 생기고 사라졌고, 현재는 일본 내에서는 도쿄에 2개의 매장을 운영 중이다. 하지만 〈푸글렌 도쿄〉, 〈오니버스 커피〉, 〈글리치 커피〉, 〈패시지 커피〉, 〈라이프 사이즈 크라이브LIFE SIZE CRIBE〉 등 도쿄에서 커피로 최고를 다투는 스페셜티 커피숍 오너들이 모두 〈폴 바셋〉 출신이라는 점만 봐도 이곳이 도쿄의 커피인들에게 주는 인상이 어떤지 짐작할 만하다.

도쿄의 여러 스페셜티 커피숍을 다니며 이야기를 나누다 보면 '폴 바셋'을 주제로 한 이야기가 종종 나올 때가 있다. 도쿄에 있는 매장에 가보았냐는 질문에 한국에 너무 많은 체인점이 있어서 굳이 이곳에서까지 갈 필요성을 느끼지 못한다며 대수롭지 않게 대답하곤 했다. 하지만 도쿄 곳곳에서 활약하는 바리스타들에 대한 이야기를 듣고 그들이 운영하는 커피숍을 찾아다닐수록 도쿄의 〈폴 바셋〉은 어떨까 하는 호기심이 점점 쌓여갔다.

드디어 기회가 되어 찾아간 신주쿠점은 신주쿠 역의 서쪽 방면인 니시신주쿠 역 근처 오피스 빌딩 안에 자리하고 있었다. 빌딩 내 지하 식당가에는 고급스러운 분위기를 풍기는 레스토랑이 모여 있는데, 〈폴 바셋〉은 나폴리 피자를 전문으로 하는 레스토랑 〈살바토레 쿠오모Salvatore Cuomo〉와 매장을 공유하고 있다. 방문한 시간이 마침 저녁 식사 시간이라 우아하게 피자에 와인을 곁들여 먹는 직장인들 사이를 지나쳐 소외되어 보이는 듯한 커피 카운터로 향했다. 전체 공간에 비하면 커피를 마실 수 있는 테이블 수가 많지 않고 커피 손님이 별로 없어서 첫인상은 다소 실망스러웠지만, 메뉴를 보니 여느 스페셜티 커피숍 못지않게 다양한 선택지가 있었다. 드립으로는 파나마 게이샤Panama Geisha를 포함한 여러 종류의 싱글 오리진 원두를 선택할 수 있고, 추출 방식으로 에어로프레스와 프렌치프레스를 선택할 수 있다. 드립 커피를 마시기로 결정하고 어떤 방식의 추출을 추천하느냐고 물어봤더니 주문을 받는 바리스타가 주저 없이 에어로프레스를 권했다.

커피는 기대보다 훌륭한 맛이었다. 에어로프레스로 내린 커피는 균형감을 적절히 갖춘 맛이었는데, 생각보다 배전도가 높지 않아서 여느 스페셜티 커피숍에 크게 뒤처지지 않을 정도로 맛있었다. 특히 커피의 주문 과정과 응대, 그리고 추출까지 바리스타의 동작 하나하나가 상당히 절도 있고 깔끔한 점이 인상 깊었다. 〈패시지 커피〉를 운영하는 사사키 슈이치佐々木修一 씨의 인터뷰에 따르면, 〈폴 바셋〉에서 일할 때는 매일 아침 커피에 대한 이론 시험부터 블라인드 커핑, 추출에 걸친 다양한 테스트를 진행하고, 이를 통과해야만 바리스타 배지를 달고 바에 설 수 있는 명예가 주어졌다고 한다. 이곳에서 그런 훈련을 거쳐 성장한 바리스타들이 도쿄 전역에서 활동하고 있다고 생각하니, 지금 바에서 커피를 추출하고 있는 바리스타의 얼굴을 잘 기억해둬야겠다는 생각이 문득 들었다.

Paul Bassett Shinjuku 폴 바셋 신주쿠점

신주쿠 구 니시신주쿠 1-26-2 노무라 빌딩 B1F / Nomura Bldg B1F, 1-26-2 Nishishinjuku, Shinjuku-ku

7:30~19:30 / 토 8:00~19:00 / 일 9:00~18:00

paulbassett.jp @paulbassett_jp

BARISTA
Paul Bassett
Wi Fi
FREE
SEASONAL
SPECIAL
DRINK
LIMITED
The entrance
is here!

REFILL
¥100
OFF

15 COUNTERPART COFFEE GALLERY

도쿄에서 가장 맛있는 커피라고 많은 바리스타들이 손꼽기를 주저하지 않는 〈글리치 커피〉는 여행객이 그리 즐겨 찾지 않는 진보초라는 한적한 동네에 자리하고 있는데, 이들의 커피를 아주 비슷한 분위기로 즐길 수 있는 곳이 신주쿠에도 있다.

신주쿠 역에서 오에도 선을 타고 두 정거장을 지나 니시신주쿠고초메 역에서 내리면, 출구에서 멀지 않은 곳에 있는 코너 건물을 사용하는 〈카운터파트 커피 갤러리〉를 만날 수 있다. 건물 외벽에 글리치 커피 로고가 크게 그려져 있고 작은 규모의 매장이 창밖에서도 한눈에 들어와 쉽게 발견할 수 있다.

문을 열고 들어가자마자 마주하게 되는 좁다란 커피 바는 〈글리치 커피〉 본점의 모습과 크게 다르지 않다. 커피를 주문하며 물어보니 이곳은 지점은 아니라는 대답이 돌아온다. 원두나 물, 추출 방식 등에 차이를 두어 조금 다른 커피를 추구한다고 한다.

진열된 원두 중 파나마 게이샤를 주저 없이 선택하니 직원이 혹시 커피 일을 하는 사람이냐고 물었다. 대개 손님들이 이런 비싼 커피는 잘 주문하지 않아서 그렇게 추측했다는 말도 덧붙였다. 그러고 보니 일부러 찾아와서 커피를 마시기보다는 이 길을 지나다니는 사람들이 매일 아침 출근길과 저녁 퇴근길에 들러 가는 듯한 인상이다. 창으로 난 바 자리에 잠시 걸터앉아 커피 한잔을 마시거나 2층이나 3층 매장으로 올라가 느긋이 커피를 즐기는 사람들 사이에 섞여 가볍게 한잔을 마시고 돌아섰다. 〈글리치 커피〉를 맛보고 싶지만 짧은 여행 일정에 진보초까지 가는 동선을 맞추기 어렵거나 맛의 차이를 느껴보고 싶은 커피 마니아라면 한 번쯤 방문해 보아도 좋을 곳이다.

COUNTERPART COFFEE GALLERY 카운터파트 커피 갤러리

시부야 구 혼마치 3-12-16 / 3-12-16 Honmachi, Shibuya-ku

7:30~21:00 / 토, 일 8:30~20:00

counterpartcoffeegallery.com @counterpart.cg

16 SARUTAHIKO COFFEE

JR야마노테선 에비스 역에서 동쪽 출구로 나와 작은 사거리에 다다르면, 거리를 지나는 사람들에게 커피를 권하는 카페 직원들을 어렵지 않게 만날 수 있다. 그들의 밝은 표정과 적극적인 권유가 그다지 부담스럽지 않고 편하게 다가와서 커피 한 잔 마시고 가볼까 하는 생각이 절로 들게 만드는 이곳은 〈사루타히코 커피〉다. '단 한 잔으로 행복해질 수 있는 커피'라는 모토를 가지고, 2011년 당시 20대였던 오쓰카 도모유키大塚朝之 씨가 설립한 〈사루타히코 커피〉는 신주쿠, 시부야, 진구마에 등 도쿄에만 10개 이상의 매장이 있는 브랜드로 성장했다.

본점인 에비스 매장은 특유의 분위기와 위치적 장점이 더해져 아침부터 늦은 밤까지 늘 많은 사람으로 북적인다. 공간이 넓지 않아 매장 외부를 포함하여 몇 개의 테이블과 함께 앉을 수 있는 좌석이 마련되어 있고, 한쪽 진열대에는 다양한 종류의 원두가 산지별, 배전도별로 놓여 있다. 공간은 다소 좁고 불편하지만 직원들의 응대나 설명이 한결같이 친절해서 커피 한 잔 마시고 가고 싶다는 생각이 절로 든다. 자정 가까운 시간까지 문을 열어서 늦게 퇴근한 사람들도 부담 없이 한잔할 수 있고, 집에서 직접 커피를 내려 마시는 사람들이 원두를 구매해 가는 비율도 상당히 높은 편이다.

도쿄의 다른 스페셜티 커피숍들이 산미가 강한 약배전 커피를 추구하는 반면에 이곳은 많은 사람들이 쉽고 편하게 마실 수 있는 정도로 중배전한 커피를 주로 취급한다. 특히 '적포도 풍미의 생캐러멜 라테'와 같이 입에서 느껴지는 향미를 그대로 표현해 이름을 붙인 캐러멜 라테는 직접 만든 시럽을 첨가해서 그런지 걸쭉한 질감이 단맛과 어우러져서 한여름 밤 아이스커피로 마시기에 그만이다. 특유의 화려함이 돋보이는 종이컵 디자인으로도 유명하니 커피 전문점 테이크아웃용 컵을 수집하고 있다면 컵을 챙기는 것도 잊지 말자.

SARUTAHIKO COFFEE 사루타히코 커피

시부야 구 에비스 1-6-6 / 1-6-6 Ebisu, Shibuya-ku

8:00~24:30 / 토, 일 10:00~24:30

sarutahiko.co @sarutahikocoffee

SARUTAHIKO COFFEE
TOKYO EBISU

17 Dear All

We hope you visit to us.
Tuesday to Friday 8am-8pm,
Saturday 9am-8pm
Sunday 9am-7pm
Monday

신주쿠에서 게이오 선 준특급을 타면 5분 만에 도달할 수 있는 사사즈카 역은, 도심에서 비교적 가까우면서도 월세가 높지 않고 상가가 많이 들어서 있어 신주쿠를 기점으로 출퇴근하는 사람들이 많이 거주하는 주택가다. 여행지로는 특별히 찾아갈 일이 없을 만한 동네처럼 보이지만, 〈디어 올〉에 들어서면 도쿄 각지에서 이곳을 찾아오는 커피 애호가와 유명 스페셜티 커피숍 바리스타를 심심찮게 만날 수 있다.

사사즈카 역을 나와 고가도로를 따라 상가가 즐비한 길을 따라 걸어가다 보면 횡단보도 앞 상가 사이에 조용하고 차분한 모습으로 손님을 맞이하는 곳이 보인다. 회벽 전면에 스트라이프 패턴 나무 프레임이 창과 문을 구성하고 있고, 창 너머로 보이는 따뜻한 가게 분위기가 지나가는 사람들의 시선을 사로잡는다. 입구로 들어서면 넓지 않은 공간의 전면에 작은 라마르조코 에스프레소 머신이 놓인 바가 있고, 나머지 공간의 벽면을 따라 손님을 위한 벤치가 단순한 배치로 놓여 있다. 하지만 통유리로 들어오는 채광이 내부를 밝히면 그 어느 곳보다 밝고 따스한 느낌이 감돈다.

이곳은 직접 로스팅을 하지 않고, 다른 유명 로스터리의 원두로 커피를 제공한다. 예전에는 〈싱글 오 재팬SINGLE O JAPAN〉, 〈스위치 커피〉 로스터리에서 가져온 원두를 선택할 수 있었는데, 최근에는 〈라 카브라LA CABRA〉, 〈커피 콜렉티브COFFEE COLLECTIVE〉, 〈프롤로그 커피 바PROLOG COFFEE BAR〉 등 덴마크 로스터리의 원두를 주로 취급하고 있다. 2016년부터 이 자리에서 가게를 운영하는 호시 유타로星祐太朗 씨와 미네무라 메이峰村命 씨는 중학교 동창으로, '맛있는 커피라면 어디든'이라는 생각으로 의기투합하여 이 가게를 오픈했다고 한다. 주로 에스프레소 머신을 다루는 메뉴는 미네무라 씨가, 드립 커피는 호시 씨가 추출하여 제공한다.

미네무라 씨는 서울 상수동의 〈둑스 커피DUKES COFFEE〉 등 한국 카페에 게스트 바리스타로 몇 차례 초청되기도 했고, 도쿄 내에서도 각종 이벤트에서 게스트 바리스타로 다양한 활동을 하고 있다. 일본은 드립 커피에 비해 에스프레소 음료를 잘 다루는 바리스타가 적은 편인데, 미네무라 씨가 만들어주는 'White'라는 플랫화이트에 가까운 메뉴는 도쿄에서 손꼽힐 만큼 우유의 질감과 싱글 오리진 에스프레소의 향미가 잘 어우러지는 훌륭한 음료다.

차분한 느낌의 카페 분위기에 더하여 커피와 함께 판매하는 사이드 메뉴도 맛있으니 이른 아침 방문한다면 토스트를, 오후에 방문한다면 〈KITIN〉에서 공급하는 디저트를 맛보아도 좋을 듯하다.

Dear All 디어 올

시부야 구 사사즈카 1-59-5 / 1-59-5 Sasazuka, Shibuya-ku

8:00~20:00 / 토 9:00~20:00 / 일 9:00~19:00 (월 휴무)

dearalltokyo.com @_dear_all_

Dear All

Victoria Arduino

LA CABRA

PART 2

SETAGAYA • MEGURO

세타가야 • 메구로

有限会社インターテスト・ジャパ

Kawaguchi
Arakawa River
Niiza
Kiyose
Higashikurume
To
ShinJuk
Musashino
TOKYO
Shibuya
6
7
12
13
Setagaya
2
5
11
3
14
4
1
Meguro
8
10
9
Miyamae
Shinagawa
Ota
Tsuzuki
Saiwai
Kohoku
KAWA

세타가야 구와 메구로 구는 도쿄에서 가장 많은 사람이 거주하는 동네이면서도 녹지가 많고 비교적 인구밀도가 낮아 가장 살고 싶은 동네로 늘 순위권에 드는 곳이다. 고급 주택가가 밀집한 세련된 동네로 인식되는 메구로 구에는 지유가오카, 나카메구로 등을 중심으로 다양한 브랜드 숍과 맛집이 모여 있다. 도쿄에서 가장 인구가 많은 구인 세타가야는 면적이 매우 넓어서 여유롭고 쾌적한 입지로 인기가 높다. 골목 주택가 사이로 오밀조밀 들어선 가게들이 동네의 운치를 더한다. 이런 자리 곳곳에 스페셜티 커피숍들이 들어서고 있다.

1 CAFE OBSCURA
2 OBSCURA LABORATORY
3 OBSCURA MART
4 Coffee Wrights Sangenjaya
5 NOZY COFFEE
6 LIGHT UP COFFEE Shimokitazawa
7 FINE TIME COFFEE ROASTERS
8 ALPHA BETA COFFEE CLUB
9 OKUSAWA FACTORY COFFEE & BAKES
10 ONIBUS COFFEE Okusawa
11 ONIBUS COFFEE Nakameguro
12 SATRBUCKS RESERVE ROASTERY TOKYO
13 SATURDAYS NYC TOKYO
14 FUGLEN COFFEE ROASTERS

OBSCURA COFFEE ROASTERS

산겐자야라는 지명은 에도시대 사찰에 참배를 가는 길목이었던 곳에 세 채의 찻집이 나란히 있었다는 데서 유래한 이름이라고 한다. 그 이름과 너무도 잘 어울리게도 산겐자야를 중심으로 많은 스페셜티 커피숍들이 들어서고 있다. 〈옵스큐라〉도 그중 하나로, 히로시마 출신의 학창시절 친구 세 명이 의기투합하여 2009년 산겐자야에 카페를 오픈한 이후, 고향인 히로시마에 낸 점포 1개 외에는 산겐자야에만 3개의 점포를 운영하며 이곳의 터줏대감 역할을 하고 있다.

CAFE OBSCURA

산겐자야 역에서 출구를 찾아 나오면 도로 위를 지나는 고가도로 때문에 하늘이 꽉 막힌 듯한 답답한 느낌이 들고, 좁은 인도 앞으로 맨션과 가게들이 다닥다닥 붙어 있어 썩 매력적인 풍경으로 다가오지는 않는다. 하지만 골목 안쪽으로 조금만 들어가면 아기자기한 길이 펼쳐지고, 더 깊이 들어갈수록 상점들의 밀도가 낮아지며 여유로운 분위기를 풍기는 길이 펼쳐진다. 작은 공원이 품은 녹지가 보이는 모퉁이를 돌면 순식간에 바뀐 차분한 분위기의 공간에 〈카페 옵스큐라〉가 보인다. 따스한 오후 햇살이 한껏 쏟아지는 작은 매장 안으로 들어서니 대부분 혼자 카페를 찾은 듯한 손님들이 차분히 여유를 즐기고 있다. 손님을 맞이하는 바리스타의 인사나 행동도 매우 조심스러워서 나도 모르게 조용히 자리를 잡고 주문을 했다.

벽면에 세워진 칠판에는 꽤 다양한 산지의 원두 이름이 적혀 있다. 원두를 선택하면, 커피는 오직 사이펀으로만 추출하여 제공한다. 운이 좋다면 2016년 한국에서 개최된 월드 사이퍼니스트 챔피언십에서 우승한 사토 나루미佐藤成実 씨가 내려주는 사이펀 커피를 마실 수 있다. 사토 씨가 커피를 만드는 모습을 바라보고 있으니, 커피에 조금의 잡맛도 섞이지 않을 것처럼 그라인딩 과정부터 추출까지 동작 하나하나가 깔끔하고 세심하다. 함께 나온 치즈 케이크도 가게의 분위기를 닮아 플레이팅이 섬세하고 군더더기가 없다. 한입 베어 무니 잔잔한 미소가 번질 수밖에 없는 맛이다.

사진 한 장을 찍는 것도 이곳의 분위기를 깨는 것처럼 느껴질 만큼 차분함이 배어 있는 공간이지만, 그렇기에 잠시나마 시간을 멈추고 커피 한 잔에 집중할 수 있는 곳이다.

CAFE OBSCURA 카페 옵스큐라

세타가야 구 산겐자야 1-9-16 / 1-9-16 Sangenjaya, Setagaya-ku

11:00~20:00 (수 휴무)

obscura-coffee.com @obscuracoffeeroasters

OBSCURA LABORATORY

산겐자야 역에서 〈카페 옵스큐라〉와는 반대편 출구로 나와 시모기타자와 방향으로 길을 따라가면, 옵스큐라 커피의 또 다른 점포인 〈옵스큐라 래버러토리〉가 나온다. 예전에는 이곳이 로스터리 공간으로 쓰여, 원두만 판매하고 따로 커피를 제공하지는 않았었는데, 2016년 말 리뉴얼을 거치면서 커피를 마실 수 있는 공간으로 바뀌었다. 예전보다 훨씬 밝고 환한 느낌으로 탈바꿈하여 정기적으로 커핑도 하고 이 지역 주민들이 부담 없이 커피를 즐기고 원두를 살 수 있는 공간으로 자리하고 있다.

OBSCURA LABORATORY 옵스큐라 래버러토리

세타가야 구 타이시도 4-28-9 / 4-28-9 Taishido, Setagaya-ku

9:00~20:00

Cafe Obscura

SPECIALTY COFFEE
Rwanda
Honduras
Colombia
Nicaragua
Mexico
Colombia
Guatemala
Indonesia
Tanzania
Brazil
Mexico

OBSCURA MART

2013년 〈옵스큐라〉는 간다 만세이바시의 100년 된 기차역을 리뉴얼한 마치 에큐트mAAch ecute라는 공간에 지점을 냈지만, 도쿄의 지점을 모두 산겐자야에 집약시킨다는 결론으로 2017년 문을 닫게 되었다. 그 후 다시 산겐자야로 돌아와 낸 4호점이 〈옵스큐라 마트〉다. 모든 지점을 아우르는 이곳은 투박한 공간이지만 지역 주민들이 가장 편하게 커피 한 잔을 즐기고 원두를 구매하는 곳이다.

OBSCURA MART 옵스큐라 마트

세타가야 구 와카바야시 1-2-1 / 1-2-1 Wakabayashi, Setagaya-ku

9:00~20:00

OBSCURA
COFFEE ROASTERS
COFFEE
BEANS
&
DRINKS
OBSCURA

Coffee Wrights Sangenjaya

〈블루 보틀〉의 로스터였던 무네시마 씨가 2016년 오픈한 〈커피 라이츠〉는 산겐자야에 첫 매장을 열었다. 무네시마 씨는 큰 규모의 매장에서는 로스터와 바리스타의 업무가 엄격히 구분되고 손님과 이야기를 나눌 기회가 적은 점이 아쉬움으로 남아 독립을 결심했다고 한다. 여러 나라를 돌아다니며 커피를 배우다가 호주에서 만나게 된 모리타 아스카森田明日香 씨와 채소 가게에 가듯 쉽고 편하게 들를 수 있는 커피숍을 만들자고 뜻을 모아 〈커피 라이츠〉를 시작했다.

산겐자야 역을 나와 좁은 골목길로 들어서면 흰색 간판에 적힌 'CW'라는 글씨가 한눈에 들어온다. 회벽으로 이루어진 기본 골조를 제외하고는 모두 목재로 구성된 건물의 코너 양면을 사용하는 이 공간은 원래 미용실이었던 곳을 개조했다고 한다. 창이 넓게 트여 있어 유리 너머로 바리스타들이 분주히 커피를 만드는 모습이 보인다. 꽤 많은 종류의 싱글 오리진 원두를 선택할 수 있는데, 핸드드립으로 주문을 하면 칼리타 웨이브 필터로 커피를 추출해준다. 산미가 도드라지지 않고 그렇다고 배전도가 높은 편도 아니어서 아주 균형 잡힌 편안한 맛을 느끼며 마실 수 있다. 오랜 시간 로스팅과 커핑을 통해 커피의 맛을 잡아온 만큼 커피 한 잔에 담긴 맛에 부족함이 없다. 조용한 동네 풍경과 잘 어우러진 공간, 그리고 커피가 있으니 시간 가는 줄 모르고 앉아 있게 될지도 모른다.

Coffee Wrights Sangenjaya 커피 라이츠 산겐자야점

세타가야 구 산겐자야 1-32-21 / 1-32-21 Sangenjaya, Setagaya-ku

9:00~18:00 coffee-wrights.jp @coffeewrights_sancha

3 NOZY COFFEE

오모테산도 캣스트리트의 〈더 로스터리 바이 노지 커피 THE ROASTERY by NOZY COFFEE〉로 사람들에게 더 친숙한 〈노지 커피〉는 산겐자야 역과 이케지리오하시 역의 중간쯤 위치한 세타가야 공원 옆에 1호점을 두고 있다. 2010년, 블렌드 커피가 일반화되어 있던 일본 커피 시장에서 싱글 오리진 커피를 손님에게 제공하겠다는 일념으로 노조 마사타카 能城政隆 씨가 열었던 작은 테이크아웃 커피숍은, 2013년 TYSONS&COMPANY 그룹과 컬래버레이션하여 만든 〈더 로스터리〉와 함께, 이제는 도쿄를 방문하는 여행객들의 대표적인 방문지로 자리 잡았다.

언제나 사람들로 가득 찬 시끌벅적한 오모테산도점과 달리 1호점은 한적한 동네에 자리하고 있다. 산겐자야 역과 이케지리오하시 역 중 어느 역에서 내려도 상당한 거리를 걸어야 한다. 하지만 카페로 가는 길 곳곳에 아기자기한 상점들이 있어 둘러보며 가다 보면 지루함을 느낄 새가 없다.

입구로 들어서면 몇 석 되지 않는 창가 자리가 보이고, 뻥 뚫린 지하 공간으로 뻗은 계단을 따라 내려가면 원두를 진열해놓은 카운터에 도달한다. 싱글 오리진을 알리려는 이들의 노력이 엿보일 만큼 COE 원두를 포함한 다양한 종류의 원두가 준비되어 있다. 커피를 주문하거나 원두를 구입할 때에도 직원들이 각 원두에 대한 자세한 설명을 잊지 않는다.

도쿄의 트렌디한 스페셜티 커피 전문점들에 비해 배전도가 조금 높은 편이지만, 다양하게 구비해둔 원두에 대한 친절한 설명을 듣고 나서 선택한 커피 맛은 기대를 저버리지 않는다. 커피에 대한 열정이 담긴 따뜻한 이곳은 발품을 팔아서라도 반드시 들러야 할 곳이었지만, 2019년 말 갑작스레 영업을 종료하였다. 현재는 〈더 로스토리〉에서만 〈노지 커피〉를 즐길 수 있다.

NOZY COFFEE 노지 커피

세타가야 구 산겐자야 1-32-21 / 1-32-21 Sangenjaya, Setagaya-ku

nozycoffee.jp @nozy_coffee

NOZY
COFFEE

LIGHT UP COFFEE Shimokitazawa

오래전 도쿄에 다녀온 지인이 선물로 준 〈라이트 업 커피〉 드립백은 새파란 새가 날갯짓하는 로고처럼 투명하고 산뜻한 맛이었다. 그로부터 얼마 지나지 않아 기치조지에 있는 〈라이트 업 커피〉에서 마신 라테는 라이트 로스팅한 커피가 우유에 묻히지 않을까 하는 우려가 무색하게 우유와 커피가 적당한 비율로 어우러진 커피였다. 아주 짧은 시간 동안 머물렀지만, 가게의 느낌과 커피의 맛이 로고를 보며 상상했던 이미지와 무척 닮아서 기억에 강하게 남았다. 기치조지까지는 쉽게 발걸음을 옮기기가 힘들어서 한참을 찾아가지 못하던 차에 그보다 접근성이 좋은 시모키타자와에 〈라이트 업 커피〉의 새로운 지점이 생겼다는 소식을 들었다. 교토점, 기치조지점에 이어 세 번째 매장이다. 시모키타자와 역보다는 한 정거장 더 내려간 세타가야다이타 역에 위치해 있는데, 시모키타자와 역에서 환승할 때 쾌속 열차를 타면 그대로 20여 분을 더 달려야 하는 불상사가 생길 수 있으니 '각역 정차'하는 열차인지를 반드시 확인하고 타야 한다.

남쪽 출구 방면으로 나와 좁은 길을 따라 조용한 주택가를 걷다 보면, 건물 코너에 맞닿은 두 면을 창으로 사용하는 〈라이트 업 커피〉에 도착한다. 내부는 손님 2명 정도가 앉을 만한 좁은 자리 외에는 대부분 로스터기와 바리스타를 위한 공간으로 쓰이고 있다. 기치조지 매장에 있는 것보다 좀 더 큰 로스터기를 구입하여 본격적인 로스터리로 운영되고 있다.

원두는 거의 5종 이상의 산지별 원두를 고를 수 있을 만큼 다양하게 준비되어 있다. 추출은 에어로프레스 또는 하리오 V60로 하는데, 각 산지별 원두의 특징이 뚜렷하게 드러나면서도 매우 깔끔한 맛이 돋보인다. 최근에는 커피 생산지와 직접 거래를 하는 다이렉트 트레이딩에도 신경을 더 쓰기 시작하여, 2019년 봄에 열린 커피 페스티벌에서는 상당히 높은 퀄리티의 베트남 커피를 소개하며 놀라움을 선사했다. 2019년 에어로프레스 챔피언십에서도 〈라이트 업 커피〉에서 로스팅한 원두가 채택되는 등 스페셜티 커피 업계에서 다양한 활동을 이어가고 있어 이후 행보가 더더욱 기대된다.

LIGHT UP COFFEE Shimokitazawa 라이트 업 커피 시모키타자와점

세타가야 구 다이타 2-29-12 / 2-29-12 Daita, Setagaya-ku

11:00~19:00 lightupcoffee.com @lightupcoffee

COSTA RICA
BRAZIL

17 - 19
積 2t
CAFÉS
BRASIL

FINETIME COFFEE ROASTERS

신주쿠 역에서 오다큐 선을 타고 시모키타자와를 지나 몇 정거장을 더 지나면 좁고 복잡한 길 때문에 택시 기사들에게는 '미로'로도 불리는 교도라는 동네가 나온다. 교도 역이 있는 동네는 세타가야 구의 일반적인 주거지와 크게 다르지 않은 모습으로 역에서부터 방사형으로 상점가가 펼쳐져 있다. 남쪽 출구로 나와 짧은 거리를 걷다 보면 골목 한편 매장 통유리 너머로 빨간 '디드릭' 로스터기가 보이는 건물이 눈에 띈다. 50년 된 건물의 2층을 주거 공간으로, 1층을 커피숍으로 리노베이션하여 2016년에 오픈한 〈파인타임 커피 로스터즈〉는 오랜 기간 금융회사에서 근무하다가 자신만의 가게를 운영하기 위해 뒤늦게 커피 공부를 시작한 곤도 다케시近藤剛 씨의 가게다.

MBA 출신 금융맨답게 철저한 시장조사를 통해 스페셜티 커피를 공부하고 가게를 오픈한 곤도 씨는 이후 매년 에어로프레스 챔피언십에 도전해 2016년에는 일본 에어로프레스 챔피언십에서 3위를 수상한 경력이 있다. 에어로프레스는 주사기 같은 모양의 플라스틱 실린더에 원두 가루와 뜨거운 물을 붓고 팔 힘으로 커피를 추출하는 도구인데, 이 매장의 드립 메뉴는 모두 직접 로스팅한 원두를 에어로프레스로 추출한다. 도쿄에는 에어로프레스로 드립 메뉴를 제공하는 곳이 제법 있는 편이지만, 이곳은 에어로프레스로만 추출하기 때문에 로스팅도 그에 최적화된 듯 커피의 다양한 맛이 뚜렷하게 발현된다.

곤도 씨와 이런저런 이야기를 하다가 한국과 인연이 있는 에피소드도 듣게 됐는데, 커피의 맛과 특성을 감별하는 자격증인 큐그레이더를 일본에서 두 번 떨어진 끝에 결국 한국에서 취득했다는 웃지 못할 이야기도 있었다. 주말 아침마다 퍼블릭 커핑을 진행하며 스페셜티 커피를 알리기 위한 노력을 계속하고 있고, 도쿄 스페셜티 커피 업계 사람들과 교류하며 끊임없이 자기계발을 게을리하지 않는 모습이 무척 인상 깊었다. 최근에는 그 노력이 결실을 맺어 2019년 일본 커피 로스팅 챔피언십에서 2위를 하는 등 로스터리로서도 그 실력을 인정받고 있다.

FINETIME COFFEE ROASTERS 파인타임 커피 로스터즈

세타가야 구 교도 1-12-15 / 1-12-15 Kyodo, Setagaya-ku

12:00~19:00 (수 휴무)

finetimecoffee.com @finetimecoffee

FINETIME
COFFEE ROASTERS
WWW.FINETIMECOFFEE.COM

⑥ ALPHA BETA COFFEE CLUB

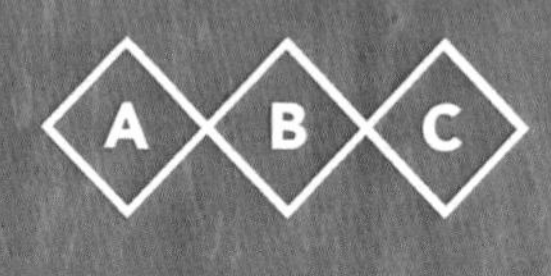

메구로 구의 남쪽에 위치한 지유가오카는 세련된 상점가와 맛있는 디저트 가게가 많기로 유명하다. 도쿄 내에서도 여성들이 가장 살고 싶어 하는 곳으로 손꼽히는 매력 넘치는 동네다. 2017년 4월, 역에서 멀지 않은 평범한 상가 건물에 특이한 매력을 가진 스페셜티 커피숍이 오픈했다.

지도를 따라 도착한 건물 앞에서도 커피숍의 모습은 찾을 수 없다. 건물 안으로 들어가 엘리베이터를 타고 3층에 올라가서야 의외의 위치에 자리 잡은 〈알파 베타 커피 클럽〉을 발견할 수 있었다. 엘리베이터에서 내려 마치 사무실에 들어가는 듯한 문을 열고 들어서면 입구까지의 느낌과는 전혀 다른 깔끔하고 세련된 카페 공간이 나타난다. 환한 햇살이 들어오는 공간은 온통 화이트 톤으로 꾸며져 더 밝아 보이고, 깔끔한 바에 있는 각종 커피머신 뒤로 맥주 탭도 놓여 있다. 간단한 아침 식사로 먹을 만한 샌드위치 몇 종도 준비되어 있다.

커피는 여러 로스터리에서 온 다양한 종류의 원두를 선택해서 마실 수 있다. 〈앤드 커피 로스터즈AND COFFEE ROASTERS〉, 〈커피 카운티COFFEE COUNTY〉, 〈멜 커피 로스터즈MEL COFFEE ROASTERS〉, 〈타카무라 커피 로스터즈TAKAMURA COFFEE ROASTERS〉 등 규슈부터 도쿄까지 각 지방의 유명 스페셜티 커피숍의 원두를 정기적으로 로테이션하며 제공하며, 최근에는 자체 로스팅한 원두도 선보이고 있다.

〈알파 베타 커피 클럽〉은 스탠포드대학을 졸업하고 구글 아시아 지부의 수석 마케터로 일했던 케빈 오츠카Kevin Otsuka와 샌프란시스코에서 다양한 스타트업을 창업해서 운영했던 알빈 추엉Alvin Cheung이 공동 창업했다. 오픈 당시에 매장에 와 있던 알빈 추엉 씨와 이야기를 나눌 기회가 있었는데, 창업 전에 꽤 오랫동안 일본 전역을 돌아다니며 최고의 스페셜티 커피숍을 담은 지도를 만들었고, 이곳들의 원두를 돌아가며 소개하는 형태의 커피숍을 준비했다고 한다. 저녁에는 커피 외에 맥주도 판매하며, 궁극적으로는 여러 분야의 사람들이 자연스럽게 교류하고 어울릴 수 있는 복합 커뮤니케이션 공간을 만드는 것이 목적이라는 말도 덧붙였다.

짧게나마 대화를 나누고 나니 처음 가게에 들어섰을 때 IT 업계 종사자로서 받았던 익숙한 느낌이나 가게 이름에 대한 궁금증이 어느 정도 해소되었다. 커피와 관련한 스타트업을 창업하고자 하는 사람이라면 충분히 생각해볼 만한 공간이 바로 눈앞에 실현되어 있었다. 벽면에 붙어 있는 공학적인 디자인의 세계지도 아래에는 현재 제공하고 있는 세 가지 원두의 로스터리에 대한 정보가 프린트되어 있었는데, 일본 내 30여 개의 스페셜티 커피 로스터리들을 라인업해서 매달 세 개씩 로테이션하면서 제공하는 것이라고 한다. 아마도 머지않은 시일에는 그 범위가 전 세계로 넓어지지 않을까 싶다.

ALPHA BETA COFFEE CLUB 알파 베타 커피 클럽

메구로 구 지유가오카 2-10-4 Milche Jiyugaoka 3층 / Milche Jiyugaoka 3F, 2-10-4 Jiyugaoka, Meguro-ku

8:00~23:00 / 토 9:00~22:00 / 일 9:00~21:00

alphabetacoffeeclub.com @abccoffeeclub

BEER

OKUSAWA FACTORY COFFEE & BAKES

JR야마노테선 메구로 역에서 메구로 선을 갈아타고 남쪽으로 도심을 조금 벗어난 곳에 있는 오쿠사와 역은 매우 작은 역이라 상행선과 하행선의 개찰구가 반대 방향으로 하나씩만 존재한다. 히요시 방면으로 개찰구를 나와 큰길을 따라 걷다 보면 금세 〈오쿠사와 팩토리 커피 앤 베이크스〉를 발견할 수 있다.

이름에서부터 커피뿐만 아니라 빵도 제대로 만드는 곳임을 직감할 수 있는데, 가게에 들어서면 이런 기대를 저버리지 않는 공간이 있다. 카운터 뒤쪽 칠판으로 만들어진 메뉴판에는 몇 개 나라의 싱글 오리진 원두가 세계지도에 표시되어 있고, 바 위에는 갓 구운 듯한 빵과 각종 아침거리들이 가지런히 진열되어 있어 무엇을 먹을지 행복한 고민을 하게 된다.

군더더기 없는 손놀림으로 하리오 V60를 사용해 내려준 드립 커피와 거칠지 않은 오밀조밀한 거품에 시나몬이 선명함을 더한 카푸치노도 무척 맛있었지만, 커피 메뉴 외에도 스콘과 잼, 그래놀라를 넣은 요구르트는 아침으로 먹기에 흠잡을 데 없는 구성이었고 하나하나 정성이 담긴 음식이었다.

커피를 마시고 있는데 직원이 혹시 오사카에 갈 계획이 있느냐고 묻더니 그곳에도 자매점이 있다고 넌지시 알려주었다. 〈엘머스 그린ELMERS GREEN〉이라는 이름으로 오사카에 여러 지점을 둔 이 회사는 〈엠뱅크먼트 커피EMBANKMENT COFFEE〉 로스터리에서 제공하는 원두를 사용해 커피를 제공하는데, 도쿄에서는 〈오쿠사와 커피〉를 통해 이들의 커피를 알리고 있다.

다양한 연령대의 동네 단골손님들이 시시콜콜한 일상 이야기를 나누며 커피를 마시고 돌아가는 모습을 보며 커피 한 잔을 곁들인 맛있는 아침 식사를 마쳤다. 언제나 좋은 기억을 안고 돌아오는 곳이다.

OKUSAWA FACTORY COFFEE & BAKES 오쿠사와 팩토리 커피 앤 베이크스

세타가야 구 오쿠사와 3-30-15 / 3-30-15 Okusawa, Setagaya-ku

10:00~18:00 / 토, 일 9:30~18:00

facebook.com/coffeeandbakesokusawa/ @okusawafactory

HANDDRIP
1~4から豆をお選びください
1. エチオピア
深煎ブレンド
ESPRESSO
エスプレッソ 300
ロングブラック 400
ラテ HOT/ICED 450
カプチーノ 〃
フラットホワイト 〃
モカ HOT/ICED
アフォガート
WBC

FACTORY
エルサルバドル
コスタリカ
550
500
350
550
¥50引き
¥100引き

8 ONIBUS COFFEE

ONIBUS COFFEE Okusawa

〈어바웃 라이프 커피 브루어스〉와 〈오니버스 커피〉 나카메구로점을 가기 위해 도쿄를 찾는 전 세계 커피 애호가들에게 너무나 유명한 〈오니버스 커피〉는 오쿠사와에서 시작되었다. 〈폴 바셋〉에서 착실하게 경력을 쌓은 사카오 아쓰시坂尾篤史 씨가 2012년 독립하여 처음으로 오픈한 공간이다.

오쿠사와 역을 나와 철로를 따라 100미터 정도 걸으면 도착하는 〈오니버스 커피〉 오쿠사와점은 다른 지점들의 명성에 비하면 매우 작은 규모의 매장이다. 이곳에 들러 커피를 마시는 일이 일상의 한 부분인 듯 편히 들렀다가 가는 동네 주민들이 손님의 대부분이고, 좁다란 바 옆으로 놓인 테이블 몇 개만이 전부인 공간에는 조용한 공기가 감돈다. 다른 지점에서 느낀 시끌벅적한 분위기는 찾아보기 어렵다.

처음 이곳을 방문했을 때에는 입구에 디드릭 로스터기가 놓여 있었는데, 2019년 초 매장 내부를 수리할 때 전체적인 구조가 바뀌면서 이 로스터기가 사라졌다. 로스터기가 어디로 갔는지 궁금해 직원에게 물어보니, 가마쿠라에 있는 어떤 커피숍에 가 있다며 마치 정성껏 키운 고양이를 남의 집에 입양 보낸 것 같은 아쉬움과 대견함이 교차하는 듯한 묘한 미소를 짓는다. 새로 공간을 꾸렸음에도 불구하고 좌석은 여전히 많지 않고, 오히려 바 내부 공간이 더 넓어졌다.

이 공간을 활용해 오븐을 두고 몇 가지 종류의 케이크를 손수 만들어서 제공한다고 한다.

산책을 나온 강아지와 함께 커피 한 잔을 마시고 돌아서는 동네 주민과 인사를 나누는 바리스타를 바라보며, 차를 마시는 듯 가볍고 깔끔한 맛을 지닌 〈오니버스〉의 커피를 즐기기에는 이곳이 가장 잘 어울리는 공간이라는 생각이 문득 들었다.

ONIBUS COFFEE Okusawa 오니버스 커피 오쿠사와점

세타가야 구 오쿠사와 5-1-4 / 5-1-4 Okusawa, Setagaya-ku

9:00~18:00 (화, 수 휴무)

onibuscoffee.com @onibuscoffee

BREAKFAST SERIAL COOKIE
BANANA BREAD

路上喫煙禁止
No Smoking

質と古物
買入
TEL 3161代表
質と
買入
買入
須賀
諸道具
古美術
和洋服
買入
☎3718-3161
和洋服
ONIBUS

ONIBUS COFFEE Nakameguro

〈오니버스 커피〉가 2016년 나카메구로에 연 매장은 오픈 전부터 공간이 만들어지는 과정을 SNS로 소개하며 사람들의 이목을 집중시켰다. 목재로 지은 일본식 구옥 2층짜리 건물을 통째로 쓰는 나카메구로점은 그 구조가 독특하다. 1층에는 높다란 나무 기둥 사이로 주문을 받는 작은 카운터가 있고, 그 뒤로 〈오니버스 커피〉의 모든 원두를 볶을 수 있는 커다란 디드릭 로스터 머신이 자리를 차지하고 있다. 건물 오른편으로는 자유롭게 커피를 마실 수 있는 벤치와 2층으로 올라갈 수 있는 가파른 계단이 설치되어 있다.
조그마한 창문 너머로 주문을 하면 바로 그 자리에서 하리오 V60로 커피를 추출해준다. 1층 벤치나 2층에 마련된 공간에서 커피를 마실 수 있는데, 2층의 작은 공간은 1층과는 또 다른 세계다. 철도 길쪽으로 난 창으로 몇 분 간격마다 전철이 코앞에서 지나가고, 다른 면의 창으로는 푸른 나뭇잎 너머로 놀이터가 한눈에 내려다보인다. 덥지도 춥지도 않은 딱 좋은 기온에 산들바람이 기분 좋게 뺨을 스치고, 밖에서는 아이들이 뛰어노는 소리가 들린다. 손님이 별로 없는 시간이라면 여유로움이 가득한 분위기에 취해서 이곳에서 하염없이 시간을 보낼 수 있을 것만 같다. 이제는 너무나 유명해진 탓에 가게 주변에 북적이는 인파를 감수해야 하지만, 이 공간만이 품은 매력을 느끼기 위해서라도 꼭 한 번은 들러보아야 할 곳이다.

ONIBUS COFFEE Nakameguro 오니버스 커피 나카메구로점

메구로 구 가미메구로 2-14-1 / 2-14-1 Kamimeguro, Meguro-ku

9:00~18:00 onibuscoffee.com @onibuscoffee

ONIBUS COFFEE
menu
ESPRESSO
AMERICANO
WHITE
LATTE
HAND DRIP

STARBUCKS RESERVE ROASTERY Tokyo

2014년 〈스타벅스〉의 탄생지인 시애틀에 '스타벅스 리저브 로스터리'가 오픈한 이래 상하이, 밀라노, 뉴욕을 거쳐 세계에서 다섯 번째로 도쿄에 리저브 로스터리를 개점했다. 이곳은 로스팅 과정부터 각종 커피와 차, 식사 메뉴, 그리고 MD 상품까지 그야말로 스타벅스의 모든 것을 경험할 수 있는 상징적인 공간이다.

고품질의 소규모 농장을 중심으로 섬세한 공정을 거쳐 최고의 커피를 생산해내는 '제3의 물결'과 대비되어, 대규모 체인을 기반으로 대중의 기호에 맞춘 커피를 판매하는 스타벅스는 구조적으로 이와 동질의 커피를 제공할 수 없는 환경이다. 최근 생기고 있는 스타벅스 리저브 매장은 스페셜티 커피라는 흐름에 부응하여 더욱 품질이 뛰어난 커피를 제공하기 위한 목적으로 만들어졌다. 스타벅스 리저브 로스터리는 이러한 시점에 스타벅스가 무엇을 할 수 있는지를 잘 보여준다.

2019년 3월에 문을 연 도쿄점은 나카메구로 역에서 메구로 강을 따라 한참을 걸어간 끝에 나온다. 메구로 강을 따라 걷는 길은 봄이면 흐드러지게 피는 벚꽃으로 장관을 연출하고, 양쪽 길로 아기자기한 상점들이 자리 잡고 있어 도쿄의 여성들이 가장 거주하고 싶어 하는 동네 중 하나다. 상당히 여유롭고 조용한 동네에 로스팅 공장을 통째로 옮겨놓은 거대한 규모의 매장이 어떻게 들어올 수 있을까 반신반의했지만, 의외로 주변 분위기를 크게 해치지 않는다. 주위에 자연스럽게 녹아든 건축 디자인은 일본의 유명한 건축가인 구마

겐고隈研吾의 공이 컸다.

문을 열자마자 계속해서 몰려드는 손님들로 건물 옆에 별도로 마련된 장소에서 순번표를 뽑고 기다려야 한다. 순번표에 새겨진 QR코드를 확인하여 차례가 가까워지면 호명하는 번호에 따라 매장에 들어갈 수 있다. 이러한 대기 방식 때문인지 매장 내부는 생각보다 복잡하지 않아서 자리를 찾아 헤매지 않고도 앉을 수 있었다. 독특하게도 각 층마다 주문 가능한 메뉴가 다르다. 1층에서는 바리스타가 에스프레소와 드립 커피를 추출하는 과정을 보면서 커피를 마실 수 있다. 자리에 따라 사이펀, 모드바Modbar, 케멕스Chemex 등의 추출 시연을 볼 수도 있고, 대형 프로밧 로스팅 머신과 천장까지 솟아오른 거대한 커피 보관 통도 구경할 수 있다. 2층에서는 스타벅스가 인수한 티 브랜드인 '티바나TEAVANA'의 차를 주문할 수 있고, 3층에는 '아리비아모ARRIVIAMO'라는 칵테일 바가 자리하고 있다. 특히 여러 종류의 싱글 오리진 원두를 추출 방식별로 맛볼 수 있는 '로스터리 플라이츠Roastery Flights', 생맥주처럼 질소를 주입해 베리에이션한 '니트로 커피' 등은 다른 곳에서는 경험할 수 없는 이곳만의 메뉴다.

최근 급격히 변화하는 스페셜티 커피의 트렌드를 스타벅스라는 브랜드가 어떻게 해석하고 따라가고 있는지 확인할 수 있는 곳이다. 먹거리뿐만 아니라 볼거리도 많으니 시간에 여유를 두고 방문하는 게 좋을 듯하다.

STARBUCKS RESERVE ROASTERY Tokyo 스타벅스 리저브 로스터리 도쿄

메구로 구 아오바다이 2-19-23 / 2-19-23 Aobadai, Meguro-ku

7:00~23:00 starbucksreserve.com @starbucksreserve_tokyo

R

10 SATURDAYS NYC

서핑에 공통의 관심을 가진 세 명이 2009년에 미국 뉴욕에 숍을 열고 음악과 커피와 의류를 함께 판매하는 쿨한 공간으로 주목받았던 〈세러데이 뉴욕 시티〉는 일본에만 5개의 지점을 내며 원래부터 일본이 주된 무대인 것 같은 미니멀한 공간으로 친숙하게 자리 잡았다.

이곳의 커피 공간을 프로듀스한 이시타니 다카유키石谷貴之 씨는 2017년 일본 바리스타 챔피언십 우승자로, 10년 가까이 바리스타 챔피언십에 출전하며 매년 순위권에 오른 실력자다. 오랜 기간 프리 바리스타로 활동하며 여러 카페의 컨설팅을 맡아왔는데, 〈세러데이 뉴욕 시티〉도 그중 하나다. 2017년 9월, 이시타니 씨가 우승 때 사용했던 게샤 빌리지Gesha Village 원두로 커피를 추출하는 이벤트가 〈세러데이 뉴욕 시티〉에서 며칠 동안 진행되었다. 게샤 빌리지는 오랫동안 최고의 맛으로 손꼽히는 파나마 게이샤의 원종을 찾아, 에티오피아 고리 게샤Gori Gesha 숲에서 확보한 씨앗을 재배하여 브랜드화한 것이다. 이후 다양한 곳에서 화제가 되며 고가로 판매되고 있다. 당시만 해도 게샤 빌리지를 맛볼 수 있는 기회가 많지 않았는데, 그중에서도 대회를 위하여 엄선한 최고의 원두로 마신 라테는 약한 배전도의 커피가 우유와 잘 어우러졌다. 역시 챔피언의 커피는 다르다는 걸 느끼며 금세 한 잔을 비웠다.

다이칸야마를 산책하다가 〈세러데이 뉴욕 시티〉의 멋진 아이템들을 구경하러 들어갔다면, 잠시 시간을 내어 커피 한 잔을 마실 가치가 있는 곳이다.

SATURDAYS NYC 세러데이 뉴욕 시티 도쿄점

메구로 구 아오바다이 다이칸야마 IV 1-5-2 / Daikanyama IV 1-5-2

Aobadai, Meguro-ku

9:00~20:00 saturdaysnyc.co.jp @saturdaysnyc

FUGLEN COFFEE ROASTERS

도쿄 도심에서 꽤 떨어진 노보리토라는 지역에 〈푸글렌〉이 새 로스터리를 오픈했다. 원래 요요기 공원 근처에 별도의 로스터리 공간을 두고 주말 커핑 등을 진행했었는데, 장소를 옮겨 노보리토에서 2019년 9월부터 로스터리 겸 카페의 운영을 시작한 것이다.
〈푸글렌 로스터즈〉가 위치한 노보리토 역은 지도상으로는 도쿄 도심에서 상당히 멀리 떨어진 느낌이지만(행정구역으로도 가나가와현에 속한다), 신주쿠 역에서 오다큐 급행선을 타고 20여 분을 달리면 도착할 수 있다. 이곳에는 일본의 인기 만화 『도라에몽』의 저자인 후지코 F. 후지오의 박물관이 있어 역사 내 곳곳에서 도라에몽의 흔적을 발견할 수 있다.
역에서 나오면 바로 한 블록 너머로 다소 황량한 풍경의 다마 강이 펼쳐진다. 찻길을 피해 강둑을 따라 걸어가다 보면 저멀리 〈푸글렌〉의 상징과도 같은 로고가 보인다. 둑을 내려와 입구로 들어서니 정면으로 보이는 주문대 뒤편에 커다란 로스팅 공간이 보이고, 강가를 바라볼 수 있는 바 자리와 함께 몇 개의 테이블이 놓여 있는 넓지 않은 공간에 사람들이 커피를 즐기고 있다. 주말 오후라 그런지 이미 만석이었지만 주문하는 동안 자연스럽게 빈자리가 나서 큰 문제 없이 자리를 잡고 앉을 수 있었다.
이제껏 마셨던 〈푸글렌〉 커피는 상당히 라이트하면서 클린하고 산미가 강한 느낌이었던지라 혹시나 조금 다른 성격인 내추럴 프로세스 커피는 없는지 물어보았다. 주문을 받던 바리스타는 선택 가능한 커피는 모두 워시드 프로세스 커피밖에 없다며, 그중에서 컴플렉시티complexity•가 높은 원두라는 콜롬비아 후일라Huila 지방의 카스티요Castillo 품종의 커피를 추천해주었다.

커피나무에서 수확한 커피 체리를 가공하는 과정에서 과육을 제거하고 물속에서 발효시키는 방식을 워시드 프로세스, 커피 체리를 그대로 공기 중에서 건조시키는 방식을 내추럴 프로세스라고 한다. 내추럴 커피는 건조 과정에서 바디감이 증가하고 복합적인 맛이 더 살아나는 반면, 잡미 등이 함께 섞이거나 특유의 발효취가 부정적으로 형성될 수 있어 클린컵clean cup••이 떨어질 가능성이 높다. 이러한 이유 때문에 산미가 강하고 클린컵을 추구하는 〈푸글렌〉에서 내추럴 커피를 먹어본 기억이 없어 물어본 것인데, 역시나 이곳에서는 에스프레소용으로 들어가는 브라질 커피 외에는 대부분 워시드 프로세스의 커피만을 취급하고 있다고 한다.

에어로프레스로 추출하여 제공된 콜롬비아 커피는 역시나 너무나 깨끗했고 유자청 같은 단맛이 입에 오래 남았다. 새롭게 로스터리를 오픈하면서 로스터기가 프로밧에서 로링으로 바뀌었는데, 〈푸글렌〉 특유의 아이덴티티는 유지하면서도 한층 더 맛있는 커피를 완성한 듯하다.

• 커피에서 복합적인 다양한 맛이 날 때 쓰는 용어

•• 깔끔하고 깨끗한 맛을 표현할 때 쓰는 용어

머무는 내내 여러 연령대의 손님이 드나들고 바리스타들은 계속해서 주문을 받고 자리를 정리하느라 분주했지만, 도쿄 시내에 있는 〈푸글렌〉에 비하면 훨씬 한적하고 여유로운 분위기에서 시간을 보낼 수 있었다. 창밖으로는 강변을 따라 자전거를 타는 사람들, 조깅하는 사람들이 끊임없이 지나가며 멋진 풍경을 완성했다.

FUGLEN COFFEE ROASTERS 푸글렌 커피 로스터즈

다마 구 노보리토 3506 RIVERSIDE POINT 1F / RIVERSIDE POINT 1F, 3506 Noborito, Tama-ku

9:00~18:00 fuglencoffee.jp @fuglencoffee_tokyo

小田急線のりば (中央口改札) Odakyu Line Entrance (Central Gate)
故障中

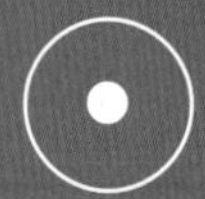

BLUE BOTTLE COFFEE in Tokyo

도쿄의 〈블루 보틀 커피〉

2019년 서울 성수동에 1호점을 오픈하며 화제가 된 〈블루 보틀 커피〉는 2000년대 초반 미국 캘리포니아 오클랜드의 작은 로스터리로 시작하여 여전히 제3의 물결의 한가운데에 있는 곳이다. 2017년 네슬레에 5억 달러에 인수되며 큰 화제가 되었는데, 스스로 지역 기반을 미국과 일본으로 소개할 정도로 일본 내에 많은 지점을 두고 브랜드를 알리고 있다.

〈블루 보틀 커피〉의 창립자인 제임스 프리먼James Freeman이 일본의 깃사텐 문화에서 영감을 얻고 이를 자신의 브랜드에 다시 반영하는 과정에서 일본인들을 매료시키는 어떤 합일점에 도달한 것으로 보인다. 일본 전통 고택을 개조한 산겐자야점이나 교토점은 미국의 스페셜티 문화와 일본의 오래된 커피 문화가 잘 어우러져서 〈블루 보틀〉이 일본 브랜드인지 되묻는 사람이 있을 정도다.

그뿐만 아니라 일본을 찾는 많은 여행객에게도 이곳은 반드시 한 번쯤 들려야 하는 명소로 자리매김하고 있다. 〈블루 보틀 커피〉는 2020년 초를 기준으로 도쿄에만 13개의 지점이 있고, 교토와 고베 등 간사이 지방에까지 그 영역을 넓히고 있다. 미국이나 일본에서나 들를 수 있었던 〈블루 보틀〉은 2019년 5월에는 서울 성수동에 국내 1호점을 오픈하여 우리의 일상에 자연스럽게 들어왔다. 국내 진출 초기에 매장에 몰린 인파로 긴 줄이 늘어서 화제가 되기도 했는데, 이제는 삼청동, 압구정동, 강남, 한남동까지 지점을 늘리며 국내에서도 누구나 쉽게 접할 수 있는 스페셜티 커피 브랜드가 되었다.

⊙ Kiyosumishirakawa Roastery & Cafe
기요스미시라카와 로스터리 & 카페

〈블루 보틀〉의 도쿄 1호점으로, 창고형 공간이 가진 매력 덕분에 많은 사람들이 제일 먼저 찾는 매장이다. 다양한 국적의 관광객들이 많이 찾아와서 조용한 기요스미시라카와에서 가장 활기가 넘치는 곳이기도 하다. 이곳은 일본의 모든 〈블루 보틀〉에서 사용되는 원두를 공급하는 로스터리 공간을 이곳에 갖추었지만, 지금은 근처에 별도의 로스터리를 두고 이곳은 카페 공간으로만 사용되고 있다. 일본인의 입맛에 맞추어 로스팅하는 커피는 배전도가 미국보다는 조금 높고 한국과는 비슷한 편이다.

⊙ Aoyama Cafe
아오야마 카페

기요스미시라카와점에 이어 도쿄에서 두 번째로 오픈한 아오야마점은 고가의 브랜드 숍이 즐비한 아오야마 거리의 비교적 한적한 골목 사이에 위치하고 있다. 상대적으로 사람이 적게 지나다니는 골목이지만 기본적으로 많은 관광객과 쇼핑객들이 오가는 동네인 만큼 2층의 다소 숨겨진 공간임에도 불구하고 대부분 만석이다. 2015년 이곳을 처음 찾았을 때, 일본에 처음 문을 연 〈블루 보틀〉에 대한 호기심은 지금의 한국에 못지않아서 오픈 전부터 계단 아래까지 긴 줄이 늘어서 있을 정도였다. 분주함 속에서도 웃음을 잃지 않는 바리스타들의 에너지가 늘 넘쳐 흐르는 곳이다.

Shinjuku Cafe
신주쿠 카페

신주쿠점은 2016년 신주쿠 역에 새로 들어선 쇼핑몰 뉴우먼 1층에 자리하고 있다. 〈블루 보틀〉에서는 커피가 다 만들어지면 주문자의 이름을 불러주는데, 주문한 메뉴를 기다리면서 들어보면 절반 이상이 한국인이나 중국인일 정도로 신주쿠를 찾는 관광객들이 많이 들르는 곳이다.

Roppongi Cafe
롯폰기 카페

고급스러운 빌딩 1층에 보란 듯이 만든 듯한 롯폰기점은 낮과 밤이 서로 다른 매력을 지닌 매장이다. 미니멀한 공간의 장점을 최대한 살려 현대적인 디자인으로 인테리어한 이곳에는 세련된 옷차림의 직장인들이 유

SINGLE ORIGIN ESPRESSO
ESPRESSO
MACCHIATO
AMERICANO
CAPPUCCINO
LATTE
MOCHA
BLEND
SINGLE ORIGIN
NEW ORLEANS
COLD BREW
LEMONADE

독 많이 방문한다. 모든 지점이 균일한 맛을 내기 위해 노력을 기울이겠지만, 한적하고 깔끔한 느낌을 지닌 롯폰기점에서 커피를 마실 때는 여유롭게 커피 맛을 음미할 수 있어서 그런지 더 맛있게 느껴진다.

⊙ Shinagawa Cafe
시나가와 카페

오래전 몇 달간 업무상 도쿄에 머물며 매일 아침 시나가와 역을 통해 출근했다. 이른 아침에 JR선을 타기 위해 시나가와 역으로 향하면, 역 근처에 있는 회사로 출근하려고 역을 빠져나오는 사람들과 역을 향해 출근을 서두르는 사람들이 큰 통로를 가로지르며 이동하는 모습에 압도되곤 했었다. 이 통로를 바라보는 2층 전망대와 같은 위치에 〈블루 보틀〉 시나가와점이 자리하고 있다. 도쿄의 여러 지점 중 시나가와점의 커피가 제일 맛있다는 이야기가 있다. 시나가와 역에는 신칸센 기차표를 끊어 놓고 출발 시간 전에 급히 커피를 마시러 오는 사람이 많은데, 이들에게 빠르게 커피를 만들어줄 수 있는 가장 숙련된 바리스타들이 이곳에 배치되어 있어서라고 한다.

⊙ Manseibashi Cafe
만세이바시 카페

JR주오 선을 따라 오차노미즈 역에서 칸다 역 쪽으로 철로 옆길을 따라

가다 보면 옛 만세이바시 역의 터를 리노베이션한 '마치 에큐트'라는 상업 공간이 나온다. 100년도 전에 빨간 벽돌로 만들어진 철로 아래에 아치 형태로 지어진 만세이바시 역은 1943년 운영을 중단한 이후 오랫동안 교통 박물관으로 이용된 곳이다. 이곳에 〈블루 보틀〉 만세이바시점이 있다. 일본의 오래된 공간을 잘 활용해온 〈블루 보틀〉의 여러 지점 중에서도 눈에 띄게 멋진 곳 중 하나다.

⊙ Sangenjaya Cafe
산겐자야 카페

도쿄에서 가장 일본을 잘 담아낸 〈블루 보틀〉 지점을 찾는다면 단연 산겐자야점이라고 할 수 있다. 골목길 안쪽에 있는 50년 된 건물의 진료소를 골조를 그대로 남기고 노출된 콘크리트를 기조로 리노베이션하였다. 전통적인 가옥 구조를 그대로 살리면서도 〈블루 보틀〉의 아이덴티티를 그대로 살린 모던한 인테리어로 마감하여 그 어느 곳보다도 동네와의 조화가 잘 이루어진 곳이다.

⊙ Nakameguro Cafe
나카메구로 카페

나카메구로점은 나카메구로 역에서도 한참을 걸어야 하는 곳에 있다. 애매한 위치 때문인지 비교적 한산해서 조용히 커피를 마시기에는 더욱 좋은 곳이다. 나카메구로점과 기요스미시라카와점에는 트레이닝 룸이라는 공간이 있는데, 한국의 〈블루 보틀〉이 오픈하기 전에 직원들이 이곳에서 트레이닝을 받았다고 한다. 어느 전철역에서 내리더라도 꽤 오랜 시간을 걸을 각오를 해야 하기 때문에 선뜻 동선에 넣기 쉽지 않지만, 일단 이곳을 찾았다면 멋진 건물과 여유로운 공간을 후회 없이 즐길 수 있을 것이다.

⊙ Meguro Cafe / Daimaru Tokyo Cafe Stand
메구로 카페 / 다이마루 도쿄 카페 스탠드

최근에는 멋지고 새로운 공간보다는 여느 커피숍과 다를 것 없는 모습으로 도쿄 내 지점들이 생겨나고 있다. 메구로 역에서 곤노스케자카라는 이름의 언덕을 따라 내려가는 길에 있는 호텔 미드인 1층에 자리한 지점이나 도쿄 역 다이마루 백화점 지하 식품관에 새로 생긴 지점은 더 이상 특별한 위치나 공간으로 손님들을 놀라게 하지 않는다. 하지만 길을 지나다가 파란색 병 모양의 〈블루 보틀〉 로고를 발견할 때 여전히 가슴이 설레는 건 이들의 브랜드가 만들어낸 힘이라는 점은 부인할 수 없다.

LATTE
MOCHA
SINGLE ORIGIN

S3
BLUE BOTTLE
COFFEE

BLUE BOTTLE COFFEE

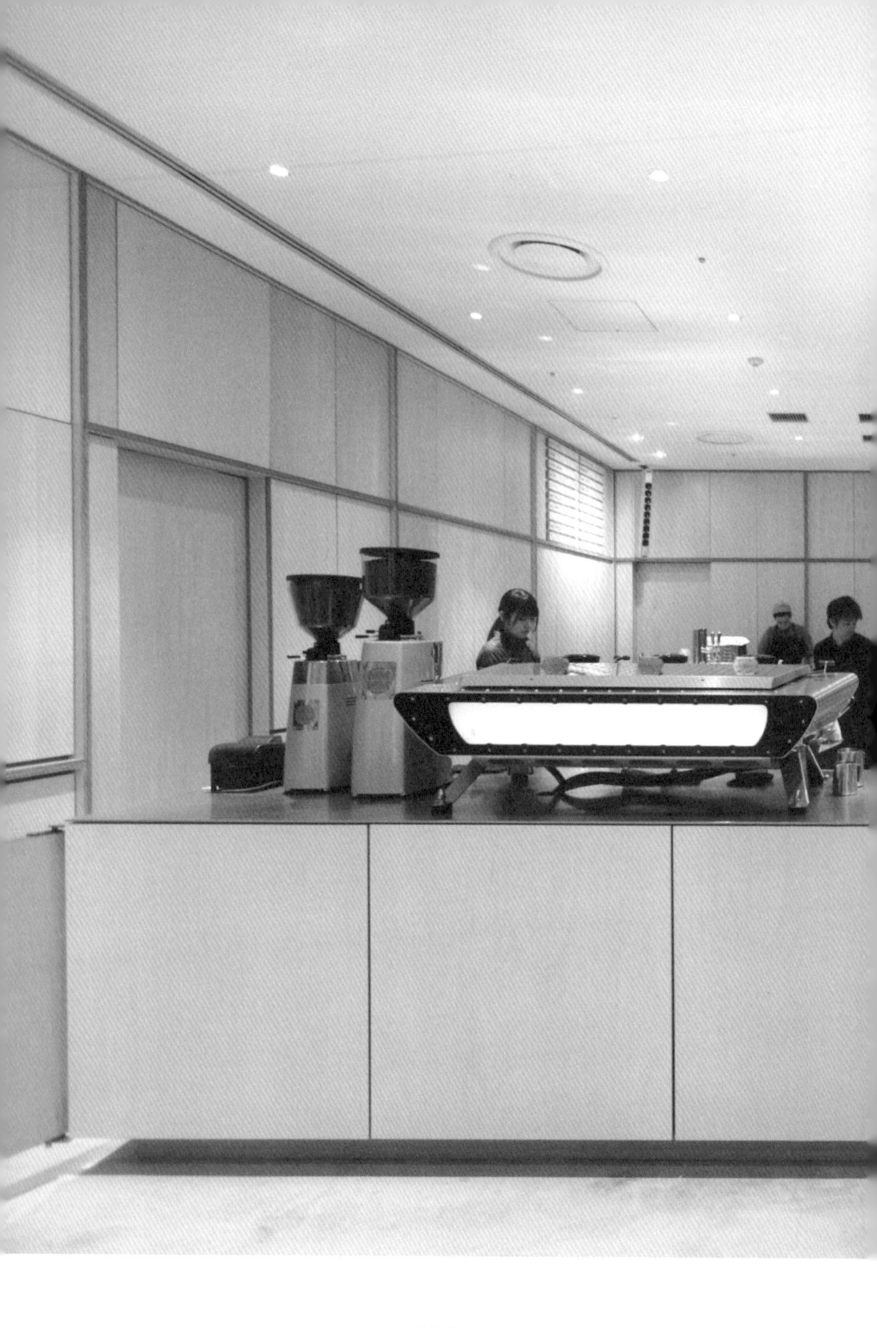

Saitama
Kawaguchi
Arakawa River
Sōka
Niiza
Adachi
ume
Toshima
Katsushika
Edo River
ShinJuku
3
shino
Edogawa
TOKYO
6
2
10
1
Shibuya
4
7
8
9
Setagaya
5
Meguro
Miyamae
Shinagawa
Ota
Tsuzuki
Saiwai
Kohoku
KAWASAKI
Kanagawa
ahi

BLUE BOTTLE COFFEE

1. BLUE BOTTLE COFFEE Kiyosumi-shirakawa Roastery & Cafe
2. BLUE BOTTLE COFFEE Aoyama Cafe
3. BLUE BOTTLE COFFEE Shinjuku Cafe
4. BLUE BOTTLE COFFEE Roppongi Cafe
5. BLUE BOTTLE COFFEE Shinagawa Cafe
6. BLUE BOTTLE COFFEE Manseibashi Cafe
7. BLUE BOTTLE COFFEE Sangenjaya Cafe
8. BLUE BOTTLE COFFEE Nakameguro Cafe
9. BLUE BOTTLE COFFEE Meguro Cafe
10. BLUE BOTTLE COFFEE Daimaru Tokyo Cafe Stand

PART 3

CENTRAL TOKYO

도쿄 도심

OKS
HERS

ANTIBES
OLD ENGLAND

Saitama
Kawaguchi
Sōka
Arakawa River
Adachi
Toshima
Ka
E
ShinJuku
TOKYO
9
3
8
4
7
6
Shibuya
1
5
gaya
2
Meguro
ae
Shinagawa
Ota
Saiwai

도쿄 역과 일본 천황이 살고 있는 고쿄를 중심으로 펼쳐져 있는 도쿄의 도심 지역은 고층 빌딩과 녹지가 어우러져 정치, 경제 중심지로의 기능을 하면서도 어디서든 여유롭게 쉬어 갈 수 있는 공간을 품고 있다. 이러한 도심 한가운데에 있는 스페셜티 커피숍들은 수많은 직장인이 오가는 오피스 빌딩 숲에 자리 잡기도 하고, 대형 쇼핑몰에 입점해 브랜드를 알리기도 하는 등 곳곳에서 다양한 모습으로 개성을 뽐낸다. 바삐 움직이는 사람들의 발길을 붙잡을 만큼 맛있는 커피를 선보이는 도쿄 중심부의 커피숍을 소개한다.

1 MARUYAMA COFFEE Nishiazabu
2 AMAMERIA ESPRESSO
3 GLITCH COFFEE&ROASTERS
4 GLITCH COFFEE BREWED @9h
5 PASSAGE COFFEE
6 TORANOMON COFFEE
7 AND COFFEE ROASTER Hibiya Central Market
8 UNISON TAILOR Ningyocho
9 REC COFFEE Suidobashi

MARUYAMA COFFEE Nishiazabu

〈마루야마 커피〉의 도쿄 1호점인 니시아자부점은 히로오 역을 나와 고급스러운 가게들이 늘어서 있는 큰길을 따라 10분 정도 걷다 보면 나타난다. 도쿄의 중심지에 있는 카페치고는 매장이 꽤 넓은 편인데 상당한 공간을 원두나 커피 관련 용품이 비치된 진열장에 할애하고 있다. 안쪽 좌석은 전통적인 깃사텐 느낌이 나는 아늑한 의자와 테이블이 구비되어 있다.

자리에 앉으면 물 한 잔과 함께 메뉴판을 가져다준다. 다양한 종류의 원두가 나열된 메뉴 구성은 한눈에 파악하기에는 조금 복잡해 보인다. 드립 커피를 마신다면 추출 도구로 코레스Cores와 프렌치프레스를 선택할 수 있다. 코레스 필터는 표면에 미세한 구멍이 뚫려 있는 도금 필터로, 종이 필터와는 다르게 커피의 지용성 성분이 종이 필터에 걸러지지 않고 커피의 미분이 함께 추출된다. 커피를 거의 다 마신 상태에서는 바닥에 남은 미분 때문에 맛이 조금 텁텁해지기도 하지만, 유분이 커피의 바디감을 높여주고 커피의 향미를 더 살려 주기 때문에 〈마루야마 커피〉에서는 종이 필터 대신 이 도금 필터를 사용한다고 한다.

많은 종류의 커피가 준비되어 있고 특히 COE도 여러 개 있어서 이곳을 방문할 때마다 늘 선택하는 데 어려움을 느낀다. 이 타이틀이 붙은 커피는 기본적으로 생두의 가격부터 다른 커피와는 상당히 차이가 나는데, 〈마루야마 커피〉에서는 이러한 값비싼 커피들을 꽤 합리적인 가격으로 판매한다. 오래된 깃사텐과 비슷하게 토스트나

그래놀라 요거트 등의 아침 메뉴도 판매한다. 최고급 스페셜티 커피와 함께 맛있는 아침 식사를 먹을 수 있는 곳은 도쿄에서도 흔하지 않기 때문에 하루를 여는 첫 커피로 마시기에 썩 괜찮은 장소다. 〈마루야마 커피〉를 여러 번 방문했지만 그중 가장 기억에 남았던 날은 2017년 한국에서 열린 월드 바리스타 챔피언십이 끝난 얼마 후에 이곳을 찾았을 때였다. 세계 2위에 오른 스즈키 미키 씨가 대회 메뉴를 그대로 선보이는 단 이틀 중에서 하루를 시간 맞춰 방문하게 된 것이다. 한국에서 대회를 직접 관전했던 터라 설렜다. 대회 때와 동일하게 에스프레소, 밀크 베버리지, 시그니처 드링크, 이렇게 세 잔을 순서대로 제공하는 메뉴 가격은 2,500엔. 맛을 보니 그 가격이 아쉽지 않은 최고의 코스였다. 대회에서 사용한 볼리비아 알라시타스Bolivia Alasitas 농장의 게이샤 원두를 스즈키 씨가 직접 추출해주었다. 그라인딩된 원두의 표면적을 늘리기 위해 '더블 그라인딩' 방식을 택한 이 커피는 단맛과 향미가 배가되며 대회 당시에 호평을 받았었다. 챔피언의 시연을 직접 보면서 커피를 맛보는 설레는 경험만으로도 오래도록 기억할 만한 커피다.

MARUYAMA COFFEE Nishiazabu 마루야마 커피 니시아자부점

미나토 구 니시아자부 3-13-3 / 3-13-3 Nishiazabu, Minato-ku

9:00~21:00 maruyamacoffee.com @maruyama_coffee

2 AMAMERIA ESPRESSO

전 세계 커피 애호가들에게 이미 너무나 잘 알려진 시부야의 〈어바웃 라이프 커피 브루어스〉에서 드립 커피를 주문하면 세 곳의 다른 로스터리에서 로스팅한 원두 중 하나를 선택할 수 있다. 그중에서도 늘 맛있게 먹었던 커피의 로스터리가 〈아마메리아 에스프레소〉였다.

〈아마메리아 에스프레소〉는 무사시코야마라는 상당히 생소한 곳에 위치해 있는데, 도심에서 그렇게 멀지 않은 거리라 JR메구로 역에서 도큐메구로 선으로 환승하여 두 정거장을 더 내려가면 된다. 도쿄 도심에서 살짝 벗어난 주거지는 대부분 역을 중심으로 상권이 밀집해 있고, 이들 상점가를 지나 자신의 집을 찾아가는 형태로 이루어져 있는데, 무사시코야마도 비슷한 형태의 비교적 평범하고 안정적인 주택가의 느낌이 나는 동네다.

역에서 멀지 않은 거리의 큰 상가 건물 1층에서 작지만 따뜻한 느낌의 〈아마메리아 에스프레소〉를 발견할 수 있다. 가게에 들어서니 생각보다 넓은 공간이 안쪽으로 이어졌는데, 처음 방문했을 때는 주말 오후 시간대라 그런지 많은 동네 사람들이 끊임없이 드나들며 너무나 자연스러운 분위기로 커피를 마시고 있었다.

한 장짜리 메뉴판에는 산지별 원두에 대한 자세한 설명과 함께 여러 가지 커피 메뉴들이 빼곡히 나열되어 있다. 에스프레소를 강조하는 가게 이름처럼 에스프레소 베이스의 커피도 많은 종류가 있고 핸드드립으로 선택 가능한 싱글 오리진 원두도 꽤 많은 라인업이 준비되어 있다.

이곳의 커피는 도쿄의 다른 스페셜티 커피숍들에 비해 상대적으로 배전도가 높지만, 생두의 깊은 맛을 모두 담고 있어 향에서부터 단맛이 가득 올라와 별다른 거부감을 주지 않는다. 약배전 원두를 사용하는 도쿄의 일부 스페셜티 커피숍들은 우유 베이스의 에스프레소 음료를 마실 때 커피의 맛이 너무 약하게 느껴질 때가 있는데, 이곳의 카푸치노는 살짝 배전도가 높은 커피가 우유와 어우러져 고소함을 배가시켜준다.

'아마메리아AMAMERIA'라는 이름은 콩을 의미하는 'mame(豆)'와 'cafeteria'를 조합하여 만든 것으로, 이시이 도시아키石井 利明 씨가 2010년 설립하며 지은 이름이다. 좀처럼 자신의 입에 맞는 커피를 찾을 수 없어 직접 로스팅을 시작했다고 한다. 현재는 도쿄에서 커피를 맛있게 로스팅하는 곳으로 이름이 꽤 알려져 있고, 매장에는 늘 10종 이상의 스페셜티 라인업의 원두가 진열되어 있다. 원두를 판매하는 로스터리로서의 전문성과 카페로서의 아늑한 공간을 함께 제공하겠다는 포부가 담긴 이름처럼, 지역 주민이 쉽게 맛있는 커피를 접할 수 있는 공간으로 손색이 없는 곳이다.

AMAMERIA ESPRESSO 아마메리아 에스프레소

시나가와 구 고야마 3-6-15 / 3-6-15 Koyama, Shinagawa-ku

12:00~20:00 / 토, 일 10:00~20:00

amameria.com @amameria_espresso

3 GLITCH COFFEE

GLITCH COFFEE & ROASTERS

한국이든 일본이든 도쿄에서 최고의 스페셜티 커피숍이 어디냐고 물으면 많은 바리스타들이 〈글리치 커피〉를 꼽는다. 도쿄 역보다 살짝 북쪽에 있는 간다에 위치한 이곳은 가장 가까운 역인 진보초 역에서도 한참을 걸어야 도착할 수 있다. 특별한 것 없는 오피스 빌딩이 밀집한 동네의 횡단보도 앞 건물 코너에 있어서 관광객이나 여행객보다는 출퇴근하는 직장인들이 잠깐씩 커피를 마시러 들른다. 매장 한 편에는 〈글리치 커피〉의 모든 원두를 책임지는 프로밧 로스터기가 공간을 차지하고 있고, 반대쪽 코너에 원두 진열장과 함께 멋진 드립 스탠드가 놓여 있는 카운터가 있다. 전면에 나란히 배치된 '킨토' 드립 스탠드가 꽤 멋진 인상을 주는데, 최근에는 저울과 일체형으로 만들어진 '지나' 드립 스탠드를 시범적으로 사용하고 있다.

게샤 빌리지나 파나마 게이샤 등의 고급 커피를 포함한 다양한 국가의 다양한 품종의 원두를 선택할 수 있고, 새로운 가공법을 사용한 원두도 제공되고 있어서 커피의 품종과 가공법에 관심 있는 사람들은 이곳에 오면 행복한 비명을 지르곤 한다. 드립 커피를 주문하고 커피를 추출하는 모습을 관찰하고 있으면, 기존 통념이 무색하게 커피가 모여 있는 중심에 물줄기를 맞추기보다 오히려 필터를 계속해서 씻어내듯 커피를 추출한다. 일반적으로 물이 커피를 통과

하지 않고 종이를 통해 바로 통과하는 경우에는 추출이 제대로 되지 않는다고 보는 경향이 있는데, 이러한 편견을 완전히 깨버리는 방식으로 추출된 커피는 믿을 수 없을 만큼 맛있다. 〈글리치 커피〉는 도쿄 내에서도 일반적이라고 보기는 어려운 약배전의 커피를 추구하지만, 언더 디벨롭under-develop 된 느낌이나 산미가 지나치게 강하다는 느낌이 전혀 들지 않고 오히려 각 원두의 개성이 아주 뚜렷하게 드러낸다.

오너인 스즈키 기요카즈鈴木清和 씨를 포함하여 여러 명의 바리스타가 〈폴 바셋〉 출신으로, 그곳에서 익힌 엄격한 트레이닝 방식을 이곳에서 이어오며 도쿄 스페셜티 커피 신에서 중요한 역할을 하고 있다. 이곳에서 활약하던 나카타니 쇼타中谷奨太 씨가 오사카에 〈야드YARD〉라는 커피숍을 오픈하며 화제가 되었는데, 과거 인재 양성소로서의 〈폴 바셋〉의 영광을 이제는 〈글리치 커피〉가 이어가는 듯하다.

GLITCH COFFEE & ROASTERS 글리치 커피 앤 로스터즈

지요다 구 칸다니시키초 3-16 / 3-16 Kanda-Nishikicho, Chiyoda-ku

7:30~20:00 / 토, 일 9:00~19:00

glitchcoffee.com @glitch_coffee

消火栓
GLITCH

PANAMA
LA ESMERALDA GEISHA
ETHIOPIA
YIRGACHEFFE ARICHA NATURAL
ETH

GLITCH COFFEE BREWED @9hours

2018년, 아카사카에 〈글리치 커피〉 2호점이 오픈했다. 이들이 두 번째로 선택한 곳은 다소 의외의 공간으로 '9h nine hours'라는 캡슐 호텔의 로비다. 아카사카는 많은 여행객이 숙박하는 번화가이지만 매장은 비교적 조용한 골목에 위치해 있다. 골목 깊숙이 있는 모던한 느낌의 호텔 앞에 놓인 작은 입간판을 보고 나서야 비로소 그 존재를 알아차릴 정도다.

문을 열고 들어서면, 좁은 로비 공간 전체를 커피를 만드는 곳과 커피를 마실 수 있는 좌석이 차지하고 있어 큰 짐을 들고 오가는 숙박객과 아슬아슬하게 동선이 엇갈린다. 하지만 바에 자리를 잡고 앉으니 금세 흐름이 안정되고 숙박객을 신경 쓰지 않고 커피에 집중할 수 있게 된다. 오히려 체크인과 체크아웃을 하는 호텔 손님들도 가볍게 커피 한 잔을 마시며 자연스럽게 어울려 늘 생기 넘치는 분위기를 유지한다.

'BREWED'라는 이름이 붙은 만큼 에스프레소 머신 없이 오직 그라인더와 브루잉 스탠드만이 커피 바를 차지하고 있다. 진보초에 있는 본점과는 조금 다른 라인업의 원두가 준비되어 있지만, 스페셜 메뉴로 파나마 에스메랄다 게이샤Panama Esmeralda Geisha와 에티오피아 게샤 빌리지도 제공한다. 모처럼 〈글리치 커피〉를 찾아와 여러 종류의 커피를 맛보고 싶어 하는 사람을 위하여 2종 또는 3종의 커피를 함께 제공하는 메뉴도 있다. 2종 커피 세트를 주문하니 케냐 키라냐가Kenya Kirinyaga와 에티오피아 아리차Ethiopia Aricha가 제공되었다. 각각의 원두에 대한 컵노트가 적혀 있는 카드와 함께 받아 든 두 잔의 커피는 역시 〈글리치 커피〉다운 맛이다. 컵노트에 적혀 있는 그대로의 맛을 혀로도 느낄 수 있어 또 한 번 감탄할 수밖에 없었다. 오가는 숙박객과 커피를 마시러 온 손님이 섞여 좁고 활발한 공간이 된 덕인지 바리스타와의 거리감이 훨씬 가깝고 쉽게 이야기를 나눌 수 있어 본점과는 또 다른 매력을 느낄 수 있는 곳이다.

GLITCH COFFEE BREWED @9h 글리치 커피 브루어드 @9h

미나토 구 아카사카 4초메 3-14 / Akasaka 4 Chome-3-14, Minato-ku

8:00~18:00 @glitchcoffeebrewed

9h
nine hours
GLITCH
COFFEE
BREWED

GLITCH
COFFEE
BREWED
@gh

ETH
GLITCH
KEN
GLITCH

PASSAGE COFFEE

JR 다마치 역에서 사쿠라다도리라는 이름이 붙은 큰길로 나오면, 도로의 소실점 끝에 아주 가깝게 도쿄타워가 보인다. 이 길을 따라 5분 정도 걸어가면 길 한편에 조그마한 간판으로 자신의 위치를 알리고 있는 〈패시지 커피〉를 발견할 수 있다. 게이오대학 맞은편, 오피스 빌딩이 많은 번화한 거리에 2017년 오픈한 이곳은 2014년 월드 에어로프레스 챔피언십 우승자인 사사키 씨가 차린 곳으로 오픈 당시부터 많은 화제를 불러일으켰다. 에어로프레스 세계 챔피언이라는 타이틀에 더하여 〈폴 바셋〉에서 오랫동안 로스팅 팀을 이끌어 왔기에 그가 독립했다는 것만으로도 커피 업계에서는 화제가 된 듯하다.

비교적 이른 아침 시간, 출근 중인 직장인들과 함께 다마치 역에서 내려 이곳을 찾았다. 주문을 마치고 자리에 앉으니 출근길에 잠깐씩 들러 인사를 나누고 커피를 사 들고 가는 사람들이 끊임없이 드나든다. '오늘의 커피'라는 이름으로 미리 대량의 커피를 드립해놓고 한 잔씩 판매하는 배치 브루를 주문하는 사람이 대부분이지만, 우유가 들어간 에스프레소 음료를 주문하는 손님들이나 빵 같은 사이드 메뉴를 주문하는 손님들도 섞여 아침 시간인데도 분주하다. 하지만 이곳의 바리스타들은 평온하게 자신들만의 속도로 커피를 계속 만들어내고, 손님은 인내심 있게 자기 차례가 돌아오기를 기다린다.

에어로프레스 챔피언이 운영하는 가게인 만큼 필터 커피는 칼리타 웨이브 외에도 에어로프레스로도 추출이 가능하다. 에어로프레스로 추출된 커피는 매우 깔끔하면서도 원두가 갖고 있는 다양한 맛들이 빠짐없이 추출되어 상당히 입체적인 맛이 났다. 이 레시피가 궁금해서 다시 방문했을 때는 바 자리에 앉아 구체적인 레시피를 물어보고 이후 집에서 에어로프레스로 커피를 내려 마실 때 아주 유용하게 활용했다.

이곳의 커피 메뉴 중에는 에어로프레스 토닉이라는 메뉴가 있는데, 한국에서는 좀처럼 보기가 힘들지만 일본에서는 〈버브 커피〉 등 여러 스페셜티 커피숍에서 종종 찾아볼 수 있는 메뉴다. 에스프레소에 토닉워터를 배합하는 토닉 에스프레소와 유사하게, 에어로프레스로 추출된 커피에 토닉워터를 배합해 만든 음료다. 〈패시지 커피〉의 에어로프레스 토닉은 더운 여름이면 생각이 날 정도로 커피의 적당한 산미와 토닉워터의 청량함이 잘 어우러진 매우 인상적인 맛이다.

직접 로스팅한 원두도 판매하는데 로스터기가 보이지 않아 물어보니, 정기적으로 〈올 시즌스 커피〉의 공간과 로스터기를 빌려 로스팅을 한다고 한다. 〈올 시즌스 커피〉에서 사용하는 것과 같은 산지의 원두가 보이는 이유도 그들과 함께 생두를 공유하여 로스팅하는 경우가 많기 때문이라고 한다. 2019년 여름에는 세타가야 구에 자신만의 로스터리를 오픈하여 본격적인 로스팅을 시작하였다.

오너인 사사키 씨 외에도 모든 바리스타들이 상당히 프로페셔널하고 절도 있는 모습으로 커피를 제공해 추출 과정만 봐도 맛있을 거란 기대감이 든다. 바쁘면 바쁜 모습대로, 여유가 있는 시간에는 한 걸음 가까운 곳에서 격의 없이 바리스타들과 교감하며 맛있는 커피를 즐길 수 있는 곳이다.

PASSAGE COFFEE 패시지 커피

미나토 구 시바 5-14-16 / 5-14-16 Shiba, Minato-ku

7:30~19:00 / 토, 일 9:00~19:00

passagecoffee.com @passagecoffee

HOME
BARISTA
COFFEE

nuova SIMONELLI
LA MARZOCCO

5 TORANOMON KOFFEE

〈도라노몬 커피〉는 〈오모테산도 커피〉의 또 다른 브랜드로, 2014년에 신축한 도라노몬힐즈라는 빌딩에 자리하고 있다. 도라노몬虎ノ門역 근처에 독보적으로 높이 솟은 이 빌딩은 그 이름이 유명 만화 캐릭터인 도라에몽과 비슷하다고 하여, 호랑이(도라虎) 모습을 한 도라에몽을 마스코트로 만들었다. 빌딩은 고층부의 안다즈Andaz라는 최고급 호텔을 제외하고는 대부분 오피스 공간으로 사용되고 있는데, 2층 오피스 출입구 앞 개방된 공간에 특이한 구조를 한 커피 스탠드가 유독 눈에 띈다. 〈도라노몬 커피〉다.

주문을 받는 카운터 양쪽으로 추출을 위한 목재 부스가 마치 무대처럼 좌우대칭으로 세워져 있다. 현대적이고 차가워 보이는 인테리어와 대조적이면서도 조화롭게 존재감을 드러낸다. 부스 안쪽 무대에서는 실험실 연구원처럼 흰 가운을 입은 바리스타들이 시험관에 든 원두를 꺼내어 커피를 추출한다. 무대 한가운데에 있는 카운터로 다가가 커피와 토스트 등 음식을 주문하면, 바로 옆 커피 추출 부스에서 커피가 내려지고, 카운터 뒤쪽 숨은 공간에서 음식이 만들어져 종이 상자에 담겨 나온다. 종이 상자 안에 따뜻하게 담겨 나온 프렌치토스트는 두툼한데도 빵 속까지 촉촉하게 잘 익어서 맛있는 아침 한 끼로 부족함이 없다. 드립 커피도 맛있어서 이곳에서 로스팅한 것인지 물어보니 〈옵스큐라 커피〉의 원두라는 대답이 돌아왔다. 직접 로스팅하기보다 로스팅을 더 잘하는 곳의 원두로 어떻게 더 빼어난 맛을 추출할 것인지에 전념하는 그들의 철학이 오롯이

이 한 잔의 커피에 담겨 있었다.

아쉽게도 이 멋진 공간은 2019년 6월에 영업을 종료하였다. 하지만 2020년 상반기에 기요스미시라카와에 새로운 형태의 가게를 오픈할 예정이라고 하니 또 한 번 진화된 〈도라노몬 커피〉의 모습이 어떨지 기대해보아도 좋을 듯하다.

TORANOMON KOFFEE 도라노몬 커피

미나토 구 도라노몬 1-1-23 도라노몬힐즈 모리 타워 2층 / Toranomon Hills Mori Tower 2F, 1-1-23 Toranomon, Minato-ku

ooo-koffee.com @omotesando.koffee

AND COFFEE ROASTERS
Hibiya Central Market

매년 도쿄 UN대학에서 개최되는 도쿄 커피 페스티벌이나 여러 도쿄의 스페셜티 커피숍에서 게스트 빈으로 자주 만날 수 있는 〈앤드 커피〉는 규슈 현 구마모토에 있는 로스터리다. 오너인 야마네 요스케山根洋輔 씨는 뉴욕에서 유학하던 시절 스페셜티 커피에 매료되어 샌프란시스코, 멜버른 등 여러 도시를 다니며 커피숍을 차릴 결심을 굳혔다고 한다. 이미 치열하게 경쟁하고 있는 도쿄보다는 아직 스페셜티 커피가 알려지지 않은 구마모토를 기반으로 하기로 결심하고 2013년에 가게를 오픈했다.

도쿄 커피 페스티벌을 통해 처음 접한 〈앤드 커피〉의 케냐는 정말 깜짝 놀랄 정도로 맛있었다. 케냐 커피의 특징적인 맛 중 하나인 토마토의 느낌이 너무 강렬해 흡사 커피가 아닌 주스를 먹는 것 같았다. 언젠가 한 번은 가보고 싶었던 이 커피숍이 2018년, 마침내 도쿄에도 매장을 열었다.

히비야 역에 새로 생긴 복합 쇼핑몰인 도쿄 미드타운 히비야Tokyo Midtown Hibiya의 3층, 레트로 스타일로 재현한 작은 상점가인 히비야 센트럴 마켓 입구 한편에 〈앤드 커피〉가 커피 스탠드 형태로 자리하고 있다. 각종 서적과 문구를 판매하는 서점 〈유린도有隣堂〉, 잡화 및 일용품을 판매하는 〈FreshService〉와 함께 사용하는 공간에는 〈앤드 커피〉의 판매용 원두 봉투들이 진열되어 있고, 이들 원두 중 일부를 선택하여 드립 또는 에스프레소 베이스의 음료로 마실 수 있다. 별도의 좌석은 마련되어 있지 않고, 실내 식당가에 앉아 마시거나 커피를 들고 복고풍으로 디자인된 멋진 점포들을 구경하며 한 잔을 비워도 좋다. 매장이 너무나 단출해서 한정된 기간 동안 팝업 스토어 형태로 입점한 것인지 물어보니, 정식 매장으로 운영되고 있다고 해서 안도의 한숨을 내쉬었다. 도쿄에서 〈앤드 커피〉를 맛보고 싶다면 안심하고 찾아가도 좋겠다.

AND COFFEE ROASTERS Hibiya Central Market

앤드 커피 로스터즈 히비야 센트럴 마켓점

지요다 구 유라쿠초 1-1-2 도쿄 미드타운 히비야 3층 / Tokyo Midtown Hibiya 3F, 1-1-2 Yurakucho, Chiyoda-ku

11:00~21:00 hibiya-central-market.jp

@andcoffeeroasters_hcm

ETHIOPIA
GEDEB NATURAL

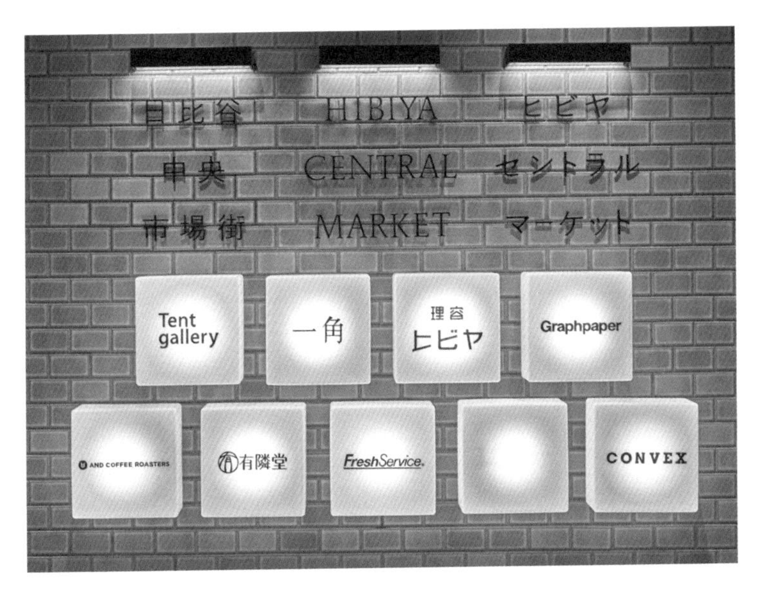
日比谷 HIBIYA ヒビヤ
中央 CENTRAL セントラル
市場街 MARKET マーケット
Tent gallery
一角
理容 ヒビヤ
Graphpaper
AND COFFEE ROASTERS
有隣堂
FreshService
CONVEX

7 UNISON TAILOR Ningyocho

〈유니즌 테일러〉 2호점이 들어선 닌교초는 한자 그대로 인형의 마을이라는 뜻으로, 에도시대부터 인형극과 가부키가 번성했던 전통적인 동네다. 한편으로는 도쿄의 중심인 니혼바시의 일부로 오피스 빌딩이 밀집한 동네라 특별한 구경거리도 없고 여행객에게는 다소 심심하게 느껴질 만한 곳이다. 닌교초 역에서 A4번 출구로 나와 몇 발자국만 걸으면 핑크색 건물 1층에 자리 잡은 〈유니즌 테일러〉가 보인다.

이곳은 〈글리치 커피〉, 〈싱글 오 재팬〉 등 도쿄의 유명 로스터리에서 로스팅한 원두로 커피를 제공하고 있다. 커피를 추출하는 실력이 좋아서 굳이 해당 로스터리에 가서 커피를 마시지 않아도 될 것 같다는 생각이 들 정도다. 드립 과정을 유심히 관찰하다가 원두를 구입하니 친절하게도 드립 레시피를 종이에 적어 건네준다.

아침 시간이면 바닐라 아이스크림과 함께 제공되는 프렌치토스트를 곁들여 커피를 한 잔 마셔도 좋고, 늦은 저녁 시간에는 탭맥주를 포함한 각종 주류도 편안한 분위기에서 마실 수 있어서 시간에 따라 다른 분위기의 가게를 즐길 수 있다.

최근에는 매주 〈라이프 사이즈 크라이브〉의 로스터기를 빌려 〈유니즌 테일러〉의 자체 원두도 로스팅하기 시작했는데 그 맛도 꽤 훌륭하다. 에너지 넘치는 젊은 청년들이 화기애애한 분위기로 가게를 운영하며, 이따금 소소한 이벤트도 여는 이곳이 도쿄 스페셜티 커피 신에 활기를 불어넣고 있다.

UNISON TAILOR Ningyocho 유니즌 테일러 닌교초점

주오 구 니혼바시 닌교초 3-9-8 / 3-9-8 Nihonbashiningyocho, Chuo-ku

7:00~21:00 / 토, 일 8:00~18:00

unisontailor.com @unisontailor_2n

UNISON TAILOR

8 REC COFFEE Suidobashi

2014년과 2015년, 2년 연속으로 일본 바리스타 챔피언을 거머쥐고, 2016년에는 월드 바리스타 챔피언십에서 준우승을 차지한 이와세 요시카즈 씨는 전 세계를 누비며 가장 활발하게 활동하고 있는 일본 바리스타 중 한 명이다.

이와세 씨는 2008년 이동 판매형 트럭으로 〈렉 커피〉를 시작하여 현재는 후쿠오카에만 다섯 개의 지점을 운영하며 스페셜티 커피를 널리 알리고 있다. 도쿄에는 2018년 여름부터 오모테산도 힐즈의 지하에 〈SOLANA CAFE〉라는 이름으로 팝업 스토어를 열었는데, 스포츠 의류 브랜드와 공유하는 공간 속에서 아쉽게나마 〈렉 커피〉의 커피를 접할 수 있었다. 1년간 운영되던 팝업 스토어가 종료된 지 얼마 지나지 않은 2019년 12월, 〈렉 커피〉가 스이도바시 역 부근에 도쿄 첫 정식 지점을 오픈했다.

간다 강을 따라 달리는 JR주오 선의 스이도바시 역이 위치한 동네는 강 건너 북쪽으로는 도쿄 돔이 있고, 주변으로 도쿄이과대학 등 여러 대학교가 모여 있어 유동 인구가 상당히 많은 편이다. 강이라고는 하지만 인공 하천에 가까운 간다 강의 물길을 따라 걷다 보면 하천의 지류가 생기는 코너 자리를 기막히게 활용한 신축 건물이 눈에 띈다. 높이 솟은 이 빌딩은 캡슐형 호텔인 9h다. 〈푸글렌〉, 〈글리치〉 같은 도쿄 대표 스페셜티 커피숍을 1층에 두는 파격적인 선택을 해서 강한 인상을 심어주었던 이 호텔의 다음 선택은 〈렉 커피〉였다. 삼면이 유리로 되어 채광이 좋은 공간에 들어서니, 다양한 종류의 원두와 커피 관련 상품을 판매하는 진열대가 한쪽 면을 자리하고 있고, 탁 트인 구조가 돋보이는 커피 바가 다른 한 편에 있었다.
메뉴를 살펴보니 파나마 볼칸 지방의 잔슨 게이샤Janson Geisha를 내추럴과 워시드 두 프로세스로 비교 시음해볼 수 있는 노미쿠라베飲み比べ 세트를 한정된 기간 동안 제공하고 있었다. 잔슨 게이샤는 파나마에서 가장 권위 있는 스페셜티 커피 경매 프로그램인 '베스트 오브 파나마Best of Panama'에서 무려 94점을 받고 고가에 거래된 커피다. 국내에서 접하기 힘든 이런 커피를 만나면 선택에 고민의 여지가 없어진다. 다른 곳에서 쉽게 볼 수 없는 두 종의 게이샤는 클린하고 고급스러우면서도, 각각의 프로세스 차이를 확연하게 구분할 수 있는 맛이었다. 두 잔에 1,500엔이나 하는 고가의 커피였지만 맛볼 수 있다는 것만으로도 충분히 그 값어치를 하고도 남을 만한 경험이었다. 탁 트인 전망을 마음껏 즐기며 최고급 커피를 마실 수 있는 호사는 도쿄에서도 쉽게 누릴 수 없었을 것이다.

REC COFFEE Suidobashi 렉 커피 스이도바시점

지요다 구 간다 미사키초 3-10-1 / 3-10-1 Kanda Misakicho, Chiyoda-ku

7:00~22:00 / 토, 일 7:00~20:00

---

rec-coffee.com @rec_coffee

Brewista®
&
REC COFFEE

REC
COFFEE

PART 4

EAST TOKYO

도쿄 동부

ニュー
プラザゴルフ
歩行者
自転車
専用

都立清澄庭園
地下鉄 清澄白河駅

chi
Sōka
wa River
Adachi
Edo
Toshima
Katsus
ShinJuku
Rive
7
6
Edog
8
3
5
4
O
2
1
Shibuya
ro
nagawa

에도시대의 풍경을 그대로 재현해놓은 아사쿠사, 스모 경기가 열리는 국기관이 있는 료고쿠, 그리고 〈블루 보틀 커피〉가 일본 진출의 거점으로 삼은 기요스미시라카와, 스페셜티 커피숍들이 새롭게 집결하고 있는 구라마에…… 도쿄의 동쪽은 각각의 동네가 서로 다른 분위기를 지닌 데다 전통과 새로움이 혼재해 있는 매력적인 지역이다.

도쿄의 다른 지역에 비해 인구 밀집도가 낮은 동부는 여러 스페셜티 커피숍들이 특별한 장소와 공간의 제약을 받지 않고 매력을 마음껏 펼칠 수 있는 곳이기도 하다. 〈블루 보틀 커피〉의 도쿄 첫 지점을 포함하여, 〈리브스 커피LEAVES COFFEE〉, 〈싱글 오 재팬〉, 〈푸글렌〉 등 도쿄에서도 내로라하는 커피숍들이 전 세계의 커피 애호가들을 이곳으로 불러들이고 있다.

1 ALLPRESS ESPRESSO
2 SINGLE O JAPAN
3 LEAVES COFFEE APARTMENT
4 LEAVES COFFEE ROASTERS
5 Coffee Wrights Kuramae
6 LUCENT COFFEE
7 FUGLEN Asakusa
8 UNLIMITED COFFEE BAR

ALLPRESS ESPRESSO

2015년 〈블루 보틀〉이 들어선 후 대중적인 인지도가 올라간 기요스미시라카와는 에도시대부터 물류 거점으로 기능했던 동네다. 오래전부터 많은 창고가 있었던 이 한적한 동네는 멀리는 포틀랜드 사우스이스트, 가까이는 서울 성수동과 매우 닮았다. 기요스미시라카와 역에서 〈블루 보틀〉을 지나 더 깊숙한 길로 들어서면 커다란 건물을 통째로 쓰는 〈올프레스 에스프레소〉가 보인다. 아침 햇살을 머금은 목조 건물은 미국의 한적한 어느 동네를 찾아온 듯이 이국적이다. 안으로 들어서니 엄청난 높이의 천장을 품은 공간에 대형 로링 로스터기가 가동되고 있고, 커피 바 안쪽에 비하여 상대적으로 넓지 않은 홀 공간에는 테이블 몇 개와 야외 좌석이 마련되어 있다.
〈올프레스 에스프레소〉는 뉴질랜드를 기점으로 호주, 영국에 이어 일본까지 진출한 커피숍으로, 우유 베이스의 커피와 브런치 메뉴에 중점을 두는 호주식 카페에 가깝다. 주키니 호박이 들어간 그린 샌드위치 같은 메뉴는 커피 한 잔을 곁들여 아침 식사로 먹기에 훌륭하다. 살짝 배전도가 높은 편인 플랫 화이트는 고소함이 우유와 잘 어우러져 흠잡을 데 없는 맛이었다. 드립 커피는 배치 브루로만 제공하는데, 드립 커피에 사용된 원두는 배전도가 높지 않아서 편하게 마시기에 괜찮았다.
안쪽 로스팅 공간 한편에 로스팅을 마친 어마어마한 양의 원두가 빼곡히 쌓여 있어 〈올프레스 에스프레소〉 원두가 도쿄 내에서 상당히 많이 소비되고 있음을 짐작할 수 있었다. 도쿄에서 유명한 〈사이

드워크 스탠드SIDEWALK STAND〉도 자체 로스터리를 오픈하기 전에는 이곳의 원두를 사용했을 정도다. 〈올프레스 에스프레소〉는 이미 하나의 브랜드가 되고 있다.

ALLPRESS ESPRESSO 올프레스 에스프레소

고토 구 히라노 3-7-2 / 3-7-2 Hirano, Koto-ku

8:00~17:00 / 토, 일 9:00~18:00

allpress.shop @allpressespressojapan

ALLPRESS

2 SINGLE O JAPAN

〈싱글 오SINGLE O〉는 호주 시드니에 있는 유명한 스페셜티 커피 로스터리로, 2003년 시드니 서리 힐즈Surry Hills에 문을 연 이후 호주 스페셜티 커피 문화를 이끌고 있는 곳 중 하나다. 이와 동일한 이름과 패키지로 도쿄의 여러 커피숍에서 접할 수 있는 〈싱글 오 재팬〉은 〈싱글 오〉에서 6년 넘게 커피를 배우고 돌아온 야마모토 유山本酉 씨가 낸 도쿄 분점이다.

〈싱글 오 재팬〉의 특별한 점은 호주에서 원두를 들여와서 파는 것이 아니라 호주 본점에서 사용하는 생두를 가져와 도쿄에서 다른 프로파일로 로스팅해서 제공한다는 것이다. 같은 농장에서 가져온 생두, 동일한 이름을 가진 블렌드라고 하더라도 〈싱글 오 재팬〉에서 제공하는 커피는 일본에 있는 로스터리 공간의 22킬로그램짜리 프로밧 머신으로 로스팅한 원두를 사용한다.

〈싱글 오 재팬〉의 명성을 익히 들어왔지만 로스터리를 개방하지 않아서 이곳저곳에서 우연히 만나게 되는 원두로 만족할 수밖에 없었는데, 2017년 여름에 이 로스터리가 일반인에게도 공개되며 매주 토, 일, 월요일마다 테이스팅 바로 운영되고 있다.

로스터리가 있는 료고쿠는 스모 경기장인 국기원이 있는 곳으로 유명하지만, 역에서 조금만 벗어나면 맨션과 작은 빌딩이 촘촘히 모여 있는 매우 조용한 동네라 여행객이 굳이 들를 일이 없는 곳이다. 료고쿠 역을 나와 골목을 따라 한참을 올라가다 보면, 지도 없이는 찾아가는 길을 설명하기도 어려울 만큼 좁은 골목 안쪽에 〈싱글 오 재팬〉 로스팅 공장이 등장한다.

전면이 개방된 구조로 지어진 건물 안쪽 깊숙한 곳에 22킬로그램짜리 거대한 프로밧 로스터기가 있고, 그 앞으로 커피가 추출되는 과정을 구경하며 마실 수 있는 커피 바가 있다. 운이 좋으면 몇 자리밖에 없는 이 커피 바에 앉을 수 있는데, 바리스타가 커피를 내리는 모습을 자세히 관찰하면서 대화를 나눌 수 있다. 드립 커피를 주문한다면, 추출 방법으로 하리오 V60와 에어로프레스를 선택할 수 있다. V60 드리퍼를 선택하면, 물줄기를 거칠고 빠르게 돌려주고 대신 뜸 들이기 단계와 마지막 추출 단계에서 드리퍼 내의 커피를 교반하는 소위 푸어 오버 방식을 이용하여 커피를 내려준다. 미국이나 호주에서 약배전 커피를 추출할 때 많이 사용하는 방식인데, 커피가 지닌 모든 맛을 잘 뽑아내면서도 깔끔한 맛을 내서 산뜻한 단맛이 도드라지는 〈싱글 오 재팬〉 커피에 아주 잘 맞는다.

값비싼 고급 원두보다는 다른 곳에서 접하기 어려운 다양한 종류의 커피를 소개하는 것도 이들이 추구하는 방향이다. 내전으로 커피를 구하기 매우 어려워진 콩고의 커피나 최근 들어 가공 방식이 개선되면서 상당한 퀄리티를 보여주는 멕시코 커피를 맛보는 건 즐거운 경험이었다. 특히 전 세계 커피 농장에 기승하는 녹병 때문에 커피가 모두 사라질지도 모른다는 위기감으로 병충해에 강한 개량 품종을 연구하여 내놓는 'No Death To Coffee' 시리즈 커피는 기회가 된다면 꼭 한번 마셔보기를 추천한다. 2017 에어로프레스 챔피언십 우승자인 나리사와 유스케成沢勇佑 씨가 있을 때, 에어로프레스로 추출한 커피를 맛보는 것은 또 다른 재미다.

SINGLE O JAPAN 싱글 오 재팬

스미다 구 가메자와 2-23-2 / 2-23-2 Kamezawa, Sumida-ku

월 8:00~16:00 / 토, 일 10:00~18:00 (화~금 휴무)

singleo.jp @single_ojapan

SINGLE

MUKANGU AA

3 LEAVES COFFEE

LEAVES COFFEE APARTMENT

기요스미시라카와에서도 북쪽으로 한참을 더 올라가야 하는 구라마에는 도쿄 동부에서 새롭게 뜨고 있는 동네로 스페셜티 커피숍들이 속속 들어서고 있는 곳이다. 2016년, 스미다 강의 바로 옆에 위치한 'THE EAST'라는 복합 공간에 들어선 〈리브스 커피 아파트먼트〉는 건물 코너를 활용하여 좁은 창을 통해 커피를 제공하는 커피 스탠드다. 도쿄에서 꽤 유명한 〈마이티 스텝 커피 스탑MIGHTY STEP'S COFFEE STOP〉의 창립자인 이시이 야스오石井康雄 씨가 야심 차게 선보인 공간이다.

도쿄에는 좁은 공간을 활용한 가게가 많은데, 특히 스페셜티 커피를 제공하는 커피숍 중에는 자리를 넉넉히 만들지 않고 테이크아웃을 하거나 가게 앞에서 잠시 쉬어 가도록 해둔 곳들이 많다. 시부야의 〈어바웃 라이프 커피 브루어스〉가 그런 대표적인 커피 스탠드라고 한다면, 여기도 그에 못지않은 인기를 자랑하는 곳이다.

코너를 기준으로 〈McLean Old Burger Stand〉라는 햄버거 가게와 함께 공간을 공유하는 구조가 특이하다. 이 햄버거 가게도 인기가 많아 주말이면 꽤 오래 줄을 서야 먹을 수 있다. 햄버거를 매장 내에서 먹으려고 바에 앉으니 바리스타가 일하는 모습을 바로 뒤에서 보며 커피 바 너머의 바깥 공간이 보인다. 햄버거를 먹고 커피 바 너머의 공간으로 나가면, 다른 커피 스탠드와 비슷하게, 매장 안에는 앉을 공간이 전혀 없고 바깥쪽 주문하는 창문의 바로 옆으로 잠깐 앉아갈 수 있는 작은 벤치가 놓여 있을 뿐이다. 하지만 이 벤치에 앉는 순간 모든 사람들은 작품 속의 주인공이 된다. 작은 창문 사이로 보이는 바리스타는 늘 카메라에 노출되어 있으면서도 웃음을 잃지 않고 맛있는 커피를 만들어낸다.

기존에는 〈푸글렌〉의 원두를 사용했는데, 자체 로스터리를 오픈하며 자신들의 원두로 커피를 제공하기 시작했다. 독특한 구조만큼이나 개성 넘치는 커피를 경험하고 싶다면 구라마에를 지날 때 들러 맛과 멋을 즐겨보자.

LEAVES COFFEE APARTMENT 리브스 커피 아파트먼트

다이토 구 고마가타 2-2-10 / 2-2-10 Komagata, Taito-ku

10:00~18:00 (월 휴무) @leaves_coffee_apartment

LEAVES COFFEE ROASTERS

많은 사람들이 개점 소식을 기다렸던 〈리브스 커피〉의 로스터리가 2019년에 문을 열었다. 구라마에 역과 료고쿠 역 사이 조용한 상점가 골목에 자리 잡은 이곳은 〈리브스 커피 아파트먼트〉로부터 스미다 강을 건너 약 10분 정도 걸어가면 도착한다. 최신 인테리어 트렌드를 반영하듯 세련된 청록색 타일로 꾸민 외벽이 개방된 코너 공간을 감싸고 있다. 커피 바 안쪽으로는 프로밧의 빈티지 모델인 'UG15'가 위용을 자랑하고 있다.

전직 프로 복서였던 이시이 씨는 여러 레스토랑을 운영하다가 나이가 들어서도 스스로 현장에서 계속 일하며 경영할 수 있는 것이 무엇일까 고민하다가 이 로스터리를 오픈하게 되었다고 한다. 토, 일, 월요일에만 문을 여는 이곳을 방문하면 늘 바를 지키며 커피를 내리고 있는 이시이 씨를 만날 수 있다. 직접 로스팅한 원두로 내린 드립 커피는 가벼운 듯 은은하게 마실 수 있지만 목 넘김 후에도 입안에 남아 있어 음미할수록 깊은 맛이 올라온다. 이시이 씨는 이제 갓 로스팅을 시작했다고 하는데 내막을 모르고 커피를 맛본 바리스타들이 상당한 경험을 가진 로스터의 커피라고 평가하기도 했었다. 가게를 함께 지키는 오쿠이 다이키奥井大輝 씨는 〈글리치 커피〉에서 근무했던 바리스타로, 시종일관 유쾌한 표정과 행동으로 손님들을 즐겁게 만들어준다. 하지만 그가 추출한 커피는 장난기 어린 표정과는 다르게 완벽한 만족감을 선사한다.

접근성이 그리 좋지 않은데도 오픈 초기부터 화제를 불러일으키고 있어 끊임없이 사람들을 불러 모은다. 공간과 커피와 사람, 이 모든 매력을 다 함께 즐길 수 있는 곳이다.

LEAVES COFFEE ROASTERS 리브스 커피 로스터즈

스미다 구 혼조 1-8-8 / 1-8-8 Honjo, Sumida-ku

토, 일, 월 10:00~18:00 (화~금 휴무) @leaves_coffee_roasters

LEAVES COFFEE

Coffee Wrights Kuramae

2017년, 산겐자야와는 꽤 먼 거리에 있는 구라마에에 〈커피 라이츠〉의 2호점이 문을 열었다. 구라마에 역에서부터 이곳을 찾아가는 느낌이 산겐자야점과 상당히 비슷하고, 심지어 건물의 코너를 활용한 공간도 산겐자야점을 꼭 닮았다.

구라마에 역에서 세이카 공원을 향하여 좁은 골목으로 들어서면 놀이터 맞은편에 손님을 맞이하듯 개방된 느낌으로 열려 있는 〈커피 라이츠〉가 있다. 원두가 진열된 주문대 뒤로는 로스터기가 놓여 있는 공간이 보인다. 오픈 당시에는 산겐자야점에서 사용하던 후지로얄 로스터기와 함께 좌석이 있었는데, 좌석 공간을 2층에 새로 만들며 1층은 전부 로스팅 공간으로 사용하고 있다. 로스터기도 프로밧으로 바꾸었다. 2층으로 올라가니 전면 창밖으로 푸르른 나뭇잎과 놀이터가 펼쳐진다. 편안한 느낌의 목재로 된 내장이 산겐자야점과 비슷하다는 인상을 받았는데, 같은 디자이너가 작업했다고 한다.

커피는 약배전을 추구하는 도쿄의 다른 스페셜티 커피숍에 비해 살짝 배전도가 있다. 하지만 그럼으로써 원두 캐릭터가 훨씬 분명해지고, 한 모금 마실 때마다 새롭게 떠오르는 향미들이 혀를 즐겁게 한다. 무네시마 씨에게 로스터기를 프로밧으로 바꾼 후 달라진 점이 있는지 물어보니, 후지로얄에 비해 바디감을 잘 살려주어 약하게 로스팅을 해도 충분히 농후한 맛이 나오는 점이 아주 만족스럽다고 한다. 아직 이 로스터기에 적응하는 과정이라고 하니 지금보다 얼마나 더 맛있는 커피를 맛보게 될지 기대가 된다.

Coffee Wrights Kuramae 커피 라이츠 구라마에점

다이토 구 구라마에 4-20-2 / 4-20-2 Kuramae, Taito-ku

10:00~18:00 (월, 화 휴무)

coffee-wrights.jp @coffeewrights_kuramae

⑤ LUCENT COFFEE

2019년 봄에 찾아간 〈파인타임 커피 로스터즈〉에서 사장님과 이야기를 나누던 중 한국산 스마트 로스터기인 '스트롱홀드'가 화제에 올랐다. 자신의 가게에서 일하는 나카다 마코토 씨와 그 아내인 쇼코 씨가 새로 커피숍을 오픈하는데, 그곳에서 이 로스터기를 쓰려고 한다며 궁금증을 내비쳤다. 스트롱홀드는 할로겐과 열풍을 이용하여 로스팅을 하는 열풍식 로스터기로, 전기를 이용한 정확한 열조절과 전자식 제어를 통한 높은 재현성을 특징으로 한다. 한국에서는 많은 로스터리 카페에 보급되었지만 외국에는 아직 많이 알려지지 않아서인지 이곳에서도 꽤 궁금한 점이 많은 듯 보였다. 한국에서 경험한 이 로스터기에 대해 이야기하던 중 우연히 쇼코 씨가 등장하여 인사를 나누게 되었고 〈루센트 커피〉에 대한 소식을 일찌감치 접하게 되었다.

그로부터 몇 개월이 지난 2019년 여름, 〈리브스 커피 아파트먼트〉, 〈커피 라이즈〉 등 여러 커피숍들이 모여들며 주목받고 있는 구라마에에서 〈루센트 커피〉가 새로운 시작을 알렸다. 워킹홀리데이로 간 멜버른에서 만난 인연으로 결혼에까지 이른 나카다 부부는 남편은 센다이를 거쳐 도쿄의 〈파인타임 커피〉, 아내는 나고야를 거쳐 도쿄의 〈앤드 커피〉에서 근무를 하다가 드디어 그들만의 커피숍을 차리게 되었다고 한다.

가을이 지나고 겨울이 되어서야 이곳을 찾을 수 있었다. 구라마에역에서 아사쿠사 방면을 따라 5분 정도 걸어가다 보니, 대로변에 있는 자그마한 레몬색 건물 1층의 움푹 들어간 공간에 〈루센트 커피〉가 보였다. 입구로 들어서니 삼각형 모양으로 넓어지는 내부 공간에 벤치 형태의 좌석이 벽을 따라 놓여 있고 맞은편으로는 길게 커피 바가 자리 잡고 있었다. 커피 바 안쪽에서 스트롱홀드 S7 Pro가 콩을 볶느라 바쁘게 돌아갔다.

주문을 하려고 보니 주문대 앞에 무려 다섯 종류의 싱글 오리진 원두가 놓여 있다. 콜롬비아 Tabi 품종이나 코스타리카 SL28 품종 같이 쉽게 보기 어려운 커피들이 있어 선택하기가 쉽지 않았다. 스트롱홀드로 로스팅한 커피 맛도 궁금했다. 마침 내추럴 프로세스 커피가 하나 있어 그 메뉴로 주문을 했다. 햇살이 한껏 들어오는 입구 옆 창가에서 오리가미 드리퍼로 정성스럽게 내려준 커피는 마치 포도 주스를 먹는 듯한 새콤달콤함이 식을 때까지 아주 깨끗하게 유지되었다. 인사를 나누었던 쇼코 씨는 이날 매장에 없어서 남편인 마코토 씨에게 인사를 건넸다. 스트롱홀드 로스터기가 어떤지 물어보니 드립 커피뿐만 아니라 에스프레소 커피도 그가 추구하는 클린함을 잘 표현해주어서 아주 만족스럽게 쓰고 있다는 대답이 돌아왔다. 단골인 듯한 손님들이 끊임없이 드나들며 하루의 일과처럼 그날의 안부를 묻고 가볍게 커피 한 잔을 즐긴다. 반투명으로 자연스럽게 녹아드는 일상의 일부가 될 수 있도록 하고 싶다는 이들의 바람이 밝고 투명한 느낌의 공간과 그 안에 섞인 사람들 속에서 이미 자연스럽게 이루어지고 있었다.

LUCENT COFFEE 루센트 커피

다이토 구 고토부키 1-17-12 레몬 빌딩 1층 / Lemon Bldg 1F, 1-17-12 Kotobuki, Taito-ku

7:30~18:30 (화 휴무) lucentcoffee.com @lucentcoffee

6 FUGLEN Asakusa

2018년 9월, 〈푸글렌〉이 아사쿠사에 도쿄 두 번째 지점을 오픈했다. 아사쿠사는 도쿄를 방문하는 여행객이 많이 들르는 곳 중 하나로, 참배를 위한 길인 나카미세도리의 상점가들을 따라 걷는 참배길과 이 길의 끝에 있는 센소지는 전 세계 관광객들에게 유명한 장소로 알려져 있다. 센소지의 바로 뒤편, 상대적으로 인적이 조금 뜸한 위치에서 9h 호텔과 같은 건물을 쓰는 〈푸글렌〉의 빨간 새 모양의 로고를 만날 수 있다.

아카사카에 새로 생긴 〈글리치 커피 브루드〉도 캡슐 호텔인 9h의 로비 공간을 사용하는데, 〈푸글렌〉 아사쿠사점은 호텔과는 공간이 완전히 분리되어 있다. 하지만 호텔 조식을 대신하여 호텔 바로 아래 멋진 공간에서 간단한 아침과 맛있는 커피 한 잔을 먹을 수 있는 점은 상당한 혜택일 것이다.

아사쿠사점은 도미가야에 위치한 〈푸글렌〉보다 훨씬 더 큰 공간을 사용하며, 1층과 2층 공간에 구비된 다양한 형태의 테이블과 좌석이 마련되어 있어 여유로운 분위기로 커피를 즐길 수 있다. 현대식 건물의 외관이나 넓은 공간 때문에 이국적인 분위기는 조금 덜하지만, 그래도 내부 공간은 여전히 〈푸글렌〉만의 고풍스러운 아이덴티티를 유지하고 있다.

드립 커피는 에어로프레스와 하리오로 제공하고, 아사쿠사점만의 특별 메뉴로 와플을 판매한다. 와플 위에는 연어나 시금치, 소시지 등과 같은 다소 의외의 토핑을 얹을 수 있는데, 보기와는 다르게 꽤 맛의 궁합이 잘 맞고 커피와의 조합도 괜찮다. 밤에는 칵테일을 포함한 각종 주류를 함께 즐길 수 있다. 근처 숙소에 머문다면 이른 아침이나 늦은 밤에도 편하게 찾아가고 싶은 곳이다.

FUGLEN Asakusa 푸글렌 아사쿠사점

다이토 구 아사쿠사 2-6-15 / 2-6-15 Asakusa, Taito-ku

일, 월, 화 7:00~22:00 / 수, 목 7:00~25:00 / 금, 토 7:00~26:00

fuglen-asakusa.business.site @fuglenasakusa

UNLIMITED COFFEE BAR

도쿄 스페셜티 커피숍의 바리스타들과 커피에 관한 이야기를 나누다 보면, 자연스레 커피숍을 추천받곤 한다. 그들에게서 많이 언급되는 곳 중 하나가 오시아게 역 근처에 위치한 〈언리미티드 커피 바〉다. 도쿄에서도 상당히 동쪽에 있는 오시아게 역 주변은 2012년 도쿄 내 새로운 송신탑을 건설하려는 요구에 따라 스카이트리가 들어서며 관광 명소로 새롭게 정비된 구역이다. 오시아게 역 또는 스카이트리 역에서 출발해 스카이트리를 지나 한 블록을 들어가면 사거리 코너에 위치한 파란색 건물이 보인다. 2015년, 이 위치에 바리스타 트레이닝 랩이 생긴 이후 1층에 〈언리미티드 커피 바〉도 오픈했다.

이곳은 오랜 기간 국내외 수많은 바리스타 대회에서 심판을 맡은 두 명의 바리스타, 마쓰바라 다이치松原大地, 히라이 레나平井麗奈 씨가 운영을 맡고 있으며, 이후 여러 명의 국가대표 바리스타를 선출한 도쿄 스페셜티 업계의 명가다. 또한 일본 핸드드립 챔피언십 우승자인 사토 고타 씨와 일본 커피 칵테일 대회 우승자인 스즈키 유카리鈴木ゆかり 씨 등 수많은 입상자를 배출했다.

여러 종류의 산지를 선택할 수 있는 드립 커피도 맛있지만, 고지방의 홋카이도산 우유와 약배전의 싱글 오리진 에스프레소로 만드는 라테는 고소함과 산미를 모두 담고 있어서 잊을 수 없는 맛이다. 저녁이면 칵테일 챔피언을 보유한 가게답게 원형 바에서 여러 종류의 커피 칵테일을 제조한다. 아이리시 커피를 베이스로 하여 히비스커스 시럽에 말린 딸기를 작은 알갱이로 만들어 위에 뿌린 'Irish Breeze'는 커피와 칵테일을 모두 좋아하는 사람이라면 꼭 먹어봐야 할 음료다.

UNLIMITED COFFEE BAR 언리미티드 커피 바

스미다 구 나리히라 1-18-2 / 1-18-2 Narihira, Sumida-ku

요일마다 영업시간 다름 (월 휴무)

unlimitedcoffeeroasters.com @unlimitedcoffeetokyo

SILVERTON AEROPRESS HANDDRIP
SPECIALTY COFFEE BEANS

BREW BAR

TOKYO COFFEE FESTIVAL

도쿄 커피 페스티벌

매년 봄과 가을에는 도쿄를 포함한 일본 전역의 커피 애호가들을 설레게 하는 이벤트가 아오야마 거리 한가운데 있는 UN대학에서 열린다. '도쿄 커피 페스티벌'이라는 이름으로 매년 두 차례 열리는 이 이벤트는 전국 각지의 로스터리들이 모여 자신의 커피를 소개하고, 자유롭게 커피를 비교하며 시음해볼 수 있는 야외 행사다. 〈더 로컬 커피 스탠드〉를 운영하고 있는 오쓰키 씨의 기획으로 2015년 9월에 처음 시작되어 로스터리들이 자율적으로 개최하는 이 행사는 도쿄의 스페셜티 커피 이벤트 중 가장 중요한 이벤트로 자리매김하고 있다.

첫 페스티벌에서 〈아마메리아 에스프레소〉, 〈글리치 커피〉, 〈트렁크 커피TRUNK COFFEE〉, 〈앤드 커피〉, 〈폴 바셋〉 등 일본 내에서 가장 유명한 로스터리들이 주축이 되어 시작한 이래로, 최근에는 전국에서 30개 이상의 로스터리들이 참가하고 그 외 커피 관련 제품 브랜드나 빈투바 초콜릿 같은 유사 업종의 가게까지 참가하며 규모가 더욱 커졌다.

개최 시간에 맞추어 UN대학의 정문에 다다르면, 시음권을 구매하기 위해 길게 늘어선 줄을 발견할 수 있다. 관람객이 점점 늘어 이제는 온종일 시음권을 구매하기 위해 줄을 서서 기다리는 일을 감수해야만 하는 상황이 되었다. 함께 줄을 선 일본인에게 말을 걸며 어디에서 왔는지 물어보니, 도치기 현에서 바리스타로 근무하고 있는데 이 행사에 참가하려고 새벽부터 기차를 타고 2시간을 걸려 찾아왔다고 한다. 일하는 곳이 스페셜티 커피를 하는 곳은 아니지만 전국에서 모여든 유명한 스페셜티 커피숍들의 커피를 맛보고 싶다며 기대에 찬 눈빛을 하던 그를 이듬해에도 똑같은 장소에서 만났다.

1,500엔에 작은 머그컵과 코인 4개를 주는 노미쿠라베 세트(비교시음 세트)를 구입하면, 자유롭게 각 부스를 구경하며 마시고 싶은 곳에서 코인 한 개와 머그잔을 내밀어 커피를 받을 수 있다. 대부분 배치 브루로 커피를 미리 추출해두거나 다인용 드리퍼로 계속 커피를 추출하여 소량씩 커피를 제공한다. 게이샤 같은 조금 특별한 커피나 제대로 된 한 잔의 커피를 현금을 받고 제공하기도 한다.

수많은 관람객이 몰려 좁아진 공간에 사람들이 뒤섞이는 바람에 특정 로스터리에 아주 긴 행렬이 만들어지기도 하고, 한참을 기다린 끝에 겨우 한 잔의 커피를 마시게 되는 일도 있다. 하지만 축제와 같은 분위기 속에서 이를 불편해하거나 불평하는 사람들은 찾아보기 힘들다. 그저 그 열기와 에너지를 느끼고 평소 궁금했던 로스터리 또는 좋아하는 로스터리의 커피를 맛보는 것만으로도 이곳에 온 목적은 충분히 달성하고도 남는 것일 테니 말이다.

이 행사는 점점 해외에도 알려져 2019년 봄에는 〈세인트 알리ST. ALi〉, 〈패트리샤 커피PATRICIA COFFEE〉를 포함한 멜버른의 유명 스페셜티 커피숍을 초대해 많은 관심을 받기도 했다. 가을에는 한국의 카

TOKYO COFFEE FESTIVAL
Tokyo
COFFEE
Festival

COFFEE
COCKTAIL
コーヒーカクテル ¥1000
COFFEE BAR
GALLAGE
TUE-SUN 14:00-23:00

AND COFFEE ROASTERS
KMC
KUMAMOTO
TASTING
BEANS
200g ¥1400-
DRIP
Colombia ¥500-
COLDBREW
Rwanda ¥500-

페 쇼와 유사한 행사인 'SCAJThe Specialty Coffee Association of Japan 컨퍼런스 및 전시회'가 개최되는 주간에 커피 페스티벌이 함께 개최되어서 해외의 유명한 커피인들이 다른 일정을 소화하고 이곳을 찾기도 한다. 그동안 보기 힘들었던 커피 업계의 유명 인사들을 한눈에 만날 수 있는 기회이기도 하다.

최근 부산에서도 'BICFBusan Independent Coffee Festival'라는 이름으로 부산의 개성 있는 스몰 로스터리들이 자유롭게 참여하는 커피 페스티벌을 개최하는 등 자발적인 형태의 커피 이벤트가 한국에서도 하나둘 생겨나고 있다. 이러한 다양한 이벤트를 통해 스페셜티 커피 업계의 사람들이 더 밀접하게 교류하여 그 가치를 더 높이고 더 많은 사람들에게 스페셜티 커피가 알려지는 기회가 많아지기를 기대한다.

EPILOGUE

내가 '스페셜티 커피'를 처음 접한 것은 2010년 여름 강릉의 〈테라로사〉에서였다. 당시에도 핸드드립 커피를 판매하는 곳은 있었지만, 대부분 케냐AA, 과테말라SHB 등 원산지 국가와 등급 정보만 있는 커피를 숙련된 기술로 내려주는 것에 만족하던 때였다. 그러나 테라로사에서 맛본 커피는 충격적이었다. 메뉴에 적힌 각각의 커피에는 나라는 물론 재배 지역과 농장이 구체적으로 적혀 있었고, 커피에서 기대할 수 있는 맛(컵노트)도 상세히 설명하고 있었다. 메뉴에 적힌 컵노트가 그대로 입안에서 느껴지는, 새콤달콤한 과즙 맛을 가진 커피는 그동안 느껴보지 못한 새로운 경험이었다.

이후 커피 향미에 더욱 관심을 갖게 되었고, 조금씩 생겨나는 스페셜티 커피를 다루는 커피숍을 찾아다녔다. 여행 계획을 세울 때에도 자연스럽게 현지의 스페셜티 커피숍을 동선에 넣었다. 그중에서도 업무와 여행으로 매년 수차례 오가던 도쿄는 장인의 핸드드립 커피 문화로부터 스페셜티 커피로 빠르게 변화가 이루어지고 있었다. 그곳을 오가며 전문 바리스타들과 스페셜티 커피를 주제로 많은 대화를 나눌 수 있었다. 바리스타도 아닌 여행자가 동네 구석구

석을 찾아 호기심 어린 눈초리로 커피를 이야기하는 것이 신기했던 걸까. 나의 궁금함 그 이상의 정보를 친절하게 공유해준 그들에게 이 자리를 빌려 감사의 마음을 전한다.

여러 경로로 수집한 커피숍을 하나씩 찾아가고, 그곳에서 새롭게 추천받은 커피숍을 또다시 찾아가며 도쿄에서만 백여 곳이 넘는 곳을 갈 수 있었다. 도쿄를 다녀올 때마다 SNS로 커피숍을 소개하다 보니 도쿄 여행을 떠나는 지인이나 바리스타로부터 동선과 취향에 맞춰 갈 만한 곳을 추천해달라는 부탁도 잦아졌다. 그때마다 나는 단순히 예쁜 공간과 일본스러운 커피숍이 아니라 '제대로 된' 커피 한 잔을 제공하는 곳을 알려주었다. 커피에 얽힌 그들의 이야기와 철학이 깃든 곳을 전해주었다.

그렇게 하나씩 쌓은 이야기를 모두와 나누기 위해 이 책을 내놓는다. 물론 경색된 한일관계와 지구를 강타한 코로나19로 도쿄는 말 그대로 가깝고도 먼 곳이 되어버렸다. 그럼에도 도쿄의 스페셜티 커피 문화를 경험하고 싶은 모두에게, 그들이 추구하는 커피 세계를 알고 싶어 하는 모두에게 이 책이 조금이나마 길잡이가 되면 이보다 좋을 수 없을 것이다.

ESSAY

어느 도시에서 100퍼센트 커피를 만나는 일에 대하여

윤동희 * 북노마드 대표, 『좋아서, 혼자서』 지은이

나는 커피를 좋아한다. 딱히 특별한 이야기는 아니다. 이제 커피는 취향의 자리에서 일상의 자리로 내려왔으니까. 아무튼 나는 커피를 좋아하고 카페에 가는 것을 좋아한다. 오직 나를 위해 놓이는 한 잔의 커피. 커피는 나의 시간을 마련해준다. 내가 원하는 커피를 만나러 가는 시간, 오늘 첫 잔을 마시는 사람처럼 객관적인 태도로 커피를 기다리는 시간, 커피 한 잔을 아껴서 마시는 시간, 빈 잔을 놓고 빈둥거리는 시간. 커피는 나를 배려한다.

그전에는 그렇지 않았다. 커피는 일상의 액세서리였다. 있으면 좋고 없으면 말고였다. 자본주의를 살아가는 이들이 그렇듯이 나 역시 일에서 '나'를 찾았다. 다른 가치는 부속물이었다. 그런데 불혹을 넘어 지천명에 이르며 알게 되었다. 일은 하면 할수록 나를 불편하고 불안하게 만든다는 것을. 나는 '나'로 살기로 했다. 나는 철저히 지금-여기에 존재하기로 했다. 현존! 나의 현존은 '몸'으로 느끼는 것이다. 마음은 몸을 추동하게 하지만 시종일관 이어지지 않는다. 의지로 그칠 때도 많다. 몸은 다르다. 많이 먹으면 살이 찌고 적게 먹으면 찌지 않는다. 정직하다. 나는 몸이 시키는 일을 하자고 작정했다. 하루를 시작하며 나는 몸을 살핀다. 몸의 명령에 순종한다. 몸이 놀라고 하면 하루를 작파하고, 몸이 일하라고 하면 움직인다. 그렇게 놀고 일하기를 정한다. 어떤 날은 삼시세끼, 어떤 날은 하루 한 끼. 몸의 명령으로 식단을 조절한다. 목적은 하나. 잘 살기 위해서다. 이유도 하나. 나를 위해서다.

삶은 입고 먹고 자는 일이다. 나는 제대로 먹고 마시기로 했다. 이제 나는 아무 커피나 마시지 않는다. 아무 카페나 가지 않는다. 어떤 카페는 커피 열매를 기계적으로 전환하는 데 그치지만 훌륭한 카페는 커피의 존재론을 설파한다. 좋은 커피는 혀끝을 자극하고 세포를 깨운다. 좋은 커피는 한 모금이 곧 호흡이다. 좋은 공기를 흡입해야 하듯이 우리는 훌륭한 커피를 누려야 한다. 흙에서 자란 DNA, 불과 물을 다루는 바리스타의 테크놀로지, 공간 미학, 테이블에 놓이는 애티튜드, 커피를 담은 잔, 조명과 음악의 베리에이션…… 만드는 자의 스토리텔링이 커피가 되고 그 커피가 철학이 되는 곳. 훌륭한 카페를 찾는 것은 인생의 필수과목이다. 나에게 좋은 동네는 좋은 카페가 있는 곳이다. 그런 곳을 알고 있다면 당신은 충분히 행복하다. 그러니 너무 아등바등 살지 마라. 욕심 부리지 마라.

당신이 좋은 커피를 만나길 바란다

1인출판사를 운영하는 나는 많은 날을 혼자 보낸다. 커피의 존재감은 '혼자'일 때 하드캐리다. 아침에는 모닝커피를 곁들여 노트북으로 일을 처리하고 집을 나선다. 이제는 누가 불러주지도 반겨주지도 않는다. 괜찮다. 어디를 갈까, 고민하지 않는다. 요즘 나의 일이란 커피 한 잔 놓고 한 권의 책을 읽거나 몇 줄의 작문을 하는 것이다. 그것마저도 하고 싶지 않으면 편의점 커피를 들고 길을 걷는다. 나의 하루는 그렇게 지난다. 그게 전부다.

내가 사는 동네에는 스타벅스가 있다. 역시 특별한 이야기는 아니다. 스타벅스는 세상에 뿌려져 있으니까. 동네를 벗어나지 않는 날에는 스타벅스를 찾는다. 책을 읽고 글을 쓴다. 스타벅스는 한결같다. 어디서나 공통의 경험을 제공한다. 그곳의 커피는 원초성이 약화된 상태로 용해되어 일상과 취향 사이에 놓인다. 비즈니스를 하는 자로서 그 일관성과 적절함에 탄복한다. 스타벅스는 익명성이다. 아무리 반복해서 찾아가도 바리스타와 안면을 틀 필요가 없다. 같은 마을에 사는 사람이어도 손님들과 인사를 나누지 않아도 된다. 편하다. 내가 혼자여도 상관없는 곳, 내가 혼자여서 좋은 곳. 그렇게 나는 도시 곳곳에 박혀 있는 스타벅스에 짱박힌다.

그러나 스타벅스는 나를 기쁘게 해주지 못한다. 지극히 일상적이어서 커피의 열락에 이르지 못한다. 그것이 스타벅스 커피다. 그들이 구축한 커피의 미의식을 존중하지만, 나는 거대한 시스템이 생산하는 커피가 아닌 한 사람의 힘으로 내리는 커피를 갈망한다. 수없이 많은 커피를 내리고 버리기를 반복한 끝에 얻어낸 한 모금. 커피는 철저히 아날로그다. 흙에서 자라 불과 물과 기압을 견딘다. 디지털 메커니즘과 글로벌리즘이 장악할 수 없는 액체. 나는 매번 다르게 추출되는 커피의 개별성을 사랑한다.

당연한 얘기지만 커피는 카페에서 마셔야 한다. 집에서, 사무실에서 커피를 내려 마시지만 카페의 풍미가 나지 않는다. 커피는 역시 카페다. 아무튼 카페다. 작은 카페를 지키는 바리스타는 그 존재만으로도 나를 행복하게 한다. 도시에서 작은 카페를 하는 자영업자의 삶은 고달플 것이다. 나의 커피 한 잔이 그를 위로하기를 바란다. 그가 나를 위해 커피를 만드는 것처럼. 물론 세상은 요지경이다. 공간이 커피를 압도한다. 카페의 풍경이 제거된 SNS를 상상할 수 있는가. 예전에는 거들떠보지도 않았던 도시 변두리의 창고, 옥상에 놓인 테이블과 의자, 수천만 원에 달하는 커피 머신, 금테를 두른 육각형 거울, 오늘 입은 '신상'을 담는 전신 거울, 커다란 선인장…… 시대의 유행으로 만들어지는 카페는 커피의 은밀함을 담기엔 조금은 소란스럽다. 카페는 커피의 형식으로 지어질 때 완성된다. 좋은 카페는 커피만으로 스타일을 이룬다.

커피는 하루의 인트로intro다. 커피 없는 아침은 상상할 수 없다. 커피는 하루의 코어core다. 우리는 커피 한 잔을 시켜놓고 노트북을 펼친다. 거래가 오가는 냉철한 만남에도 커피는 윤활유가 된다. 커피는 하루의 아우트로outro다. 우리는 불면을 두려워하면서도 커피를 포기하지 않는다. 우리에게 커피는 무엇인가. 부끄럽게도 나는 커피를 알지 못한다. 커피가 나에게 오는 흐름은 짐작하지만 세세한 내용을 알 수 없다. 그저 마실 뿐이다. 커피 앞에서 나의 언어는 무력하다. 커피를 좋아하는 이들은 커피를 배우기도 한다지만 나는 배우려고 노력한 적이 없다. 버튼만 누르면 나오는 기계의 편리함을 알지만 그것도 마뜩치 않다. 아무래도 커피는 사람이 내려야 한다. 커피콩을 바라보는 시선부터 한 잔의 커피까지. 커피의 느낌을 조율하면서 시간으로 우려내는 결과물. 나는 그런 커피를 마시고 싶다. 앞으로도 나는 커피를 알려고 하지 않을 것이다. 삶의 곁핍으로 커피를 남겨둘 것이다. 그 빈자리를 채우는 일로 남은 생을 메울 것이다. 거기에 얼마의 돈이 들어가도 상관없다. 그까짓 돈…… 인생은 만져지지 않는 것을 만질 때 가치 있다. 시간과 경험처럼 돈으로 살 수 없는 것을 구입할 때 인생은 아름다워진다. 그러니 서둘러야 한다. 커피를 마시는 시간이 점점 줄어들고 있으니 말이다. 1998년 어린이날에 나온 '신화'의 「으쌰! 으쌰!」는 이렇게 노래한다. 인생을 낭비하지 마세요!

좋은 커피를 찾아 떠나는 100퍼센트 여행

커피는 검다. 아니다. 커피는 맑고 투명하다. 도쿄 오모테산도의 〈다이보 커피점〉과 후쿠오카 아카사카의 〈커피 비미〉. 일본 자가배전 융드립 커피의 두 거장을 소개한 『커피집』이라는 책이 증명한다. 나는 틈 날 때마다 이 책의 첫 페이지를 묵독한다. 유리잔에 들어 있는 커피의 프리즘이 오롯한 사진을 응시한다. 당신이 이 사진을 보길 바란다. '커피집'이라는 제목은 또 어떤가. 당신이 이 책을 갖길 바란다. 음악을 좋아하면 음악을 듣고 음악책을 읽고 음반을 모은다. 미술을 좋아하면 전시장에 가고 미술책을 읽고 미술품을 수집한다. 그렇지 않다면 그건 좋아하는 게 아니다. 개구라다. 그건 커피도 마찬가지여서 커피를 좋아하면 카페에 가고 커피 도구를 수집하고 커피책을 읽는다. 커피를 좋아하는 사람이라면 이런 책 한 권 정도는 있어야 한다고 믿는다.

커피와 카페를 주제로 한 권의 책을 만들었다. 도쿄 스페셜티 커피 라이프! 누구보다 커피를 아끼는 귀한 작가를 만났다. 축복이다. 커피에 관해서 그는 '찐'이다. 그를 믿고 이 책을 시작했고, 결과는 보는 그대로다. 커피를 기준으로 하루를 꾸리는 사람들, 에스프레소 한 잔에 충실함을 담는 사람들, 커피의 가능성에 인생을 건 사람들이 추출되었다. 커피를 좋아하는 당신도 이 책을 좋아하리라 믿는다.

이 책을 만들며 나는 '카페나 해볼까?'라는 습관성 멘트를 입에서 지웠다. 몸으로 커피를 내리는 도쿄의 커피 장인들에게 카페는 예

배당이요 커피는 제물이다. 원두를 만지고, 블렌딩을 고민하고, 에스프레소 머신의 스피드와 압력을 본능으로 조절하고, 드립커피를 직접 내리는 그들에게 커피는 도시의 허세가 아니다. 그러니 경배할 수밖에, 순종할 수밖에. 나는 지극히 겸허한 자로 커피를 마시는 자로 남기로 했다.

한일관계 때문에, 지구를 덮친 바이러스 때문에 갈 수 없는 곳이 되어서일까. 용서하시라. 솔직히 나는 도쿄의 카페에 가고 싶다. 100퍼센트 좋은 커피를 찾아 떠나는 여행을 멈추고 싶지 않다. 한중일, 동북아 3국의 역사·정치·경제·사회는 냉철히 구분해야 한다. 역사를 스스로 성찰하지 못하는 일본 정부의 태도도 묵과할 수 없다. 그럼에도 문화는 '공유'되어야 한다고 나지막이 중얼거린다. 아무리 좋은 가치도 집단화, 이념화, 정치화하면 순수하지 않다. 변명처럼 들린다면 할 수 없다. 무지하다고 일갈해도 어쩔 수 없다. 커피는 국경을 초월해야 한다고 나는 믿는다. 지구는 이미 네트워크다. 지구는 이미 하이브리드다.

F21
FOREVER 21
Sexy Zone
DHC

TSUTAYA

BLACK
WHITE
FILTER
OTHER

REC
COFFEE

TOKYO SPECIALTY

COFFEE LIFE

도쿄 스페셜티 커피 라이프

초판 1쇄 발행 2020년 7월 20일
초판 5쇄 발행 2023년 7월 20일

지은이 이한오
펴낸이 윤동희
펴낸곳 북노마드

편집 김민채
디자인 석윤이
제작 교보피앤비

출판등록 2011년 12월 28일
등록번호 제406-2011-000152호
문의 booknomad@naver.com

ISBN 979-11-86561-71-3 03590

www.booknomad.co.kr

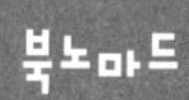
북노마드